Bernhard Madörin

Der KMU-Verwaltungsrat

Bernhard Madörin

Der KMU-Verwaltungsrat

3. Auflage

Bibliografische Information der Deutschen Nationalbibliothek
Die Deutsche Nationalbibliothek verzeichnet diese Publikation in der Deutschen Nationalbibliografie; detaillierte bibliografische Daten sind im Internet über http://dnb.d-nb.de abrufbar.

www.staempfliverlag.com

ISBN 978-3-7272-2620-5

Über unsere Online-Buchhandlung www.staempflishop.com
ist zudem folgende Ausgabe erhältlich:
E-Book ISBN 978-3-7272-2621-2

Für Pascale

Vorwort zur ersten Auflage

Von Barbara Gutzwiller, Lic. iur., ehem. Direktorin, Arbeitgeberverband Basel

Würde bringt Bürde

In einen Verwaltungsrat gewählt zu werden, ist ehrenvoll und häufig auch finanziell interessant. Allerdings sind mit der Übernahme eines Verwaltungsratsmandats nicht nur Rechte, sondern auch Pflichten verbunden. Generell sind die Ansprüche an Verwaltungsräte gestiegen und ihre Aufgaben sind längst nicht mehr nur repräsentativer Natur.

Als oberstes Aufsichts- und Gestaltungsorgan führt der Verwaltungsrat (VR) die Geschäfte selber oder überträgt die Geschäftsführung an Dritte, was die Regel darstellt. Das Gesetz (Obligationenrecht) weist ihm aber unübertragbare und unentziehbare Aufgaben zu. So bildet der VR die Oberleitung der Gesellschaft und erteilt die dafür notwendigen Weisungen. Er legt die Organisation der Gesellschaft fest und ist verantwortlich für die Ausgestaltung des Rechnungswesens, der Finanzkontrolle und -planung. Ebenso ist er zuständig für die Ernennung und Abberufung der Geschäftsleitung und ihrer Vertretungsberechtigten. Auch hat der VR die Oberaufsicht über die Geschäftsleitung und ist verantwortlich für die Erstellung des Geschäftsberichtes, die Vorbereitung der Generalversammlung und die Ausführung ihrer Beschlüsse. Schliesslich ist es auch der VR, der den Richter im Falle der Überschuldung oder Zahlungsunfähigkeit der Gesellschaft zu benachrichtigen hat.

Führen schuldhafte Pflichtwidrigkeiten zu einer Schädigung der Gesellschaft, von Aktionären oder Gläubigern, kann der VR haftbar gemacht werden, da er als oberstes Leitungsorgan letztlich die Verantwortung trägt. Dabei ist zu beachten, dass Verwaltungsräte solidarisch haften, also jedes Mitglied des VR für den vollen Schaden haftbar gemacht werden kann. Im Konkursfall haften die Verwaltungsräte auch den Gläubigern gegenüber persönlich.

Haftungsrisiken können sich aus dem Zivilrecht ergeben, wenn sich beispielsweise die Organisation der Gesellschaft als mangelhaft erweist oder wenn Sorgfalts- und Treuepflichten verletzt werden. Strafrechtliche Risiken ergeben sich unter anderem aus Konkurs- oder Urkundendelikten. Verwaltungsrechtlich können sich insbesondere Risiken aus Steuerforderungen oder Forderungen der Sozialversicherungen und der Pensionskasse ergeben. Besonders anspruchsvoll ist die Lage für den VR, wenn sich eine Gesellschaft in einer Sanierungssituation befindet. Will der VR seine Haftungsrisiken verringern, kann er gewisse Kompetenzen an die Geschäftsleitung oder Dritte delegieren. Er bleibt aber haftbar für deren Auswahl, Instruktion und Überwachung.

Auch in den KMU ist das Bewusstsein dafür, dass ein Verwaltungsratsmandat einige Risiken mit sich bringt, in den letzten Jahren gestiegen. In jedem Fall aber ist es hilfreich – bevor man sich in einen VR wählen lässt –, die in Frage kommende Gesellschaft genau zu studieren und sich vor allem mit ihren Strukturen, ihrer bisherigen Geschäftstätigkeit und ihrer finanziellen Situation so gut wie möglich vertraut machen. Und nimmt man das Mandat an, muss man sich bewusst sein, dass die gesetzlichen und statutarischen Pflichten konstant erfüllt werden müssen.

Vorwort zur dritten Auflage

Die Reaktionen zu diesem Buch und die vielen Anfragen im Rahmen der VR-Tätigkeit der Leserschaft haben mich zu einer leichten Überarbeitung motiviert und damit zur dritten Auflage. In meinen zahlreichen Exekutivmandaten habe ich mit diesem Buch viele VR-Kollegen zu mehr Professionalität angeregt. Die VR-Tätigkeit ist eine Herausforderung, um der weiter zunehmenden Regulierung zu begegnen. Weitere Problematik sind Gerichtsurteile und Gerichtspraktiken, welche von Richtern gefällt werden, die im geschützten Bereich des Richteramtes fungieren, ohne die tagtägliche Beanspruchung der Exekutivgremien zu verstehen und zu begreifen.

Zum Buch

Das vorliegende Buch „Der KMU-Verwaltungsrat“ soll auf einfache Weise die wesentlichen Aufgaben und Rechte eines Exekutivorgans aufzeigen. Dabei werden einerseits rechtliche und organisatorische Kriterien beschrieben, andererseits werden aber auch die charakterlichen und persönlichen Vorgaben, wie Lebens- und Berufseinstellung, Gesprächsführung, Kleidung etc. beleuchtet. Das Buch soll damit auch ein allgemeiner Berufswegweiser für Verwaltungsräte sein.

Die nun vorliegende dritte Auflage nimmt vieles unverändert wieder auf, ergänzt aber auch das Buch durch ein paar spezifische VR-Themen. Es enthält ausserdem die notwendigen Anpassungen zum neuen Aktienrecht.

Zum Autor

Dr. iur. Bernhard Madörin, geboren 1959 in Basel, ist Autor von über einem Dutzend Fachbüchern zu den Themen Recht, Steuern und Rechnungslegung und erfahrener Referent zu diesen komplexen Fachgebieten. Neben zahlreichen Büchern und Aufsätzen innerhalb seines Berufsgebietes publizierte er zusammen mit Dr. med. Hanspeter Braun im Jahre 2008 ein Buch über traditionelle chinesische Medizin, wofür die beiden Autoren den „Preis für Alternativmedizin 2008" erhalten haben (eine zweite, ergänzte und überarbeitete Auflage erschien 2012). Als Politiker im Kantonsrat Basel-Stadt erarbeitete er sich überregionale Bekanntheit. Nationale Bedeutung erlangte er erstmals mit seiner Initiative, den grössten Detailhändler der Schweiz, die Migros, von einer Genossenschaft in eine Aktiengesellschaft umzuwandeln. Bernhard Madörin ist CEO einer Unternehmensberatergruppe (Artax Fide Consult AG, www.artax.ch). Mit rund 50 Mandaten in Verwaltungs- und Exekutivorganen kennt er die Welt der Wirtschaft. Neben der Publikation diverser Fachbücher hat er sich in den vergangenen Jahren auch der Prosa gewidmet und es ist ihm gelungen, mit dem Wirtschaftskrimi „Tödliche Gene" (erschienen im Münster Verlag Basel, 2011) einen spannenden Ermittlungsroman zu schreiben. Die beiden neusten Bücher befassen sich mit dem Kunstprojekt „colorwor(l)d". Madörin lebt in Basel, Bandol (F), Oberwil und auf der Bettmeralp.

DANK

Ich danke Ralph Waeckerlin für die freundliche Unterstützung für dieses Buch. Nach einer erfolgreichen Unternehmerkarriere hat er sein Unternehmen verkauft und anschliessend noch viele Jahre in dem Konzern, der sein Unternehmen gekauft hat, in der Geschäftsleitung mitgewirkt. Aus diesen Vorgaben und unserer jahrelangen Freundschaft ist dieses Buch entstanden. Hier treffen die Erkenntnisse eines erfahrenen Unternehmers und Verkäufers auf das Know-how eines Juristen und professionellen Verwaltungsrats. Ohne seinen reichhaltigen Input wäre dieses Buch nicht möglich gewesen. Ich bin ihm zu grossem Dank verpflichtet.

INHALTSÜBERSICHT

ABKÜRZUNGSVERZEICHNIS

Abs.	Absatz
AHV	Alters- und Hinterbliebenen Vorsorge
AG	Aktiengesellschaft
ALV	Arbeitslosenversicherung
AuG	Bundesgesetz über die Ausländerinen und Ausländer
BVG	Bundesgesetz über die berufliche Vorsorge
CEO	Chief executive Officer (oberster Geschäftsführer)
CHF	Schweizer Franken
EDV	Elektronische Datenverarbeitungsanlage
EFTA	Europäische Freihandelsassoziation
etc.	Et cetera
EU	Europäische Union
evtl.	Eventuell
FA	Fachausweis
FiFo	First in First out (Berechnungsmethode zur Ermittlung des Warenlagers)
FINMA	Finanzmarktaufsichtsbehörde
GL	Geschäftsleitung
GmbH	Gesellschaft mit beschränkter Haftung
GV	Generalversammlung
GWG	Gesetz über die Geldwäscherei
IFRS	International Financial Reporting Standards (IAS plus)
IKS	Internes Kontrollsystem
ISBN	Internationale Standardbuchnummer

IT	Information Technology (Synonym für EDV)
KMU	Kleines oder mittleres Unternehmen Kleinunternehmen umfassen die Grösse bis 20 oder 50 Mitarbeiter und Mittelunternehmen bis 250. Ab 250 Mitarbeitern spricht man von einem Grossunternehmen. Die Definition ist fliessend und nicht klar.
KMU-Unternehmer	Ein Unternehmer eines kleinen oder mittleren Unternehmens. Die Kombination hat eine gewisse Redundanz. Mittlerweile hat sich KMU als eigenständiger Begriff etabliert, sodass es sich rechtfertigt, diesen in Kombinationen zu verwenden.
KV	Krankenversicherung
LiFo	Last in First out (Berechnungsmethode zur Ermittlung des Warenlagers)
MIS	Management Information System
MWSt	Mehrwertsteuer
OR	Obligationenrecht
PK	Pensionskasse (zur Durchführung des BVG)
RAB	Revisionsaufsichtsbehörde
SchKG	Gesetz über die Schuldbetreibung und den Konkurs
SMS	Short Message System (Telefonische Kurznachricht)
SR	Systematische Gesetzessammlung der Schweiz
SRO	Selbstregulierungsorganisation (zur Durchführung des Geldwäschereigesetzes)
StGB	Schweizerische Strafgesetzbuch
Swiss GAP FER	Fachempfehlungen zur Rechnungslegung (Swiss GAAP FER); Schweizer Rechnungslegungsstandards
URSSAF	Entspricht der Ausgleichskasse in der Schweiz und ist zuständig für die Abrechnung der Sozialversicherungsbeiträge in Frankreich
usw.	Und so weiter

UV	Unfallversicherung
Vegüv	Verordnung gegen übermässige Vergütungen bei börsenkotierten Aktiengesellschaften
VO	Verordnung
VR	Verwaltungsrat
VZAE	Verordnung über Zulassung, Aufenthalt und Erwerbstätigkeit
z.B.	Zum Beispiel
ZGB	Zivilgesetzbuch

QUELLEN

Das Buch „Der KMU-Verwaltungsrat“ setzt sich zum Ziel, ein Buch der Lektüre zu sein und es soll nicht als Nachschlagewerk dienen. Entsprechend beruht der Inhalt weitgehend auf dem notwendigen Basiswissen eines professionellen Verwaltungsrats, womit kein Bezug zu direkten Literaturquellen erfolgt.

RALPH WAECKERLIN
Der Spitzenverkäufer. Die Leiter zum Erfolg im Beruf und Alltag, Friedrich Reinhardt Verlag, 2010, ISBN 978-37245-1696-5

Mit freundlicher Zustimmung des Autors wurden einige Passagen an das vorliegende Thema adaptiert.

Im Anhang werden weitere Bücher des Autors zum Thema KMU angeführt.

Einleitung

In diesem Buch sollen die wichtigsten gesetzlichen Voraussetzungen für den KMU-Verwaltungsrat erklärt und die KMU-Unternehmerinnen und unternehmer auf Kernelemente ihrer Tätigkeit aufmerksam gemacht werden. Die wesentlichen Aussagen treffen zu auf den Verwaltungsrat einer AG, den Geschäftsführer einer GmbH, den Stiftungsrat einer Stiftung und schliesslich den Vorstand eines Vereins. Das Buch ist kein wissenschaftliches Werk und kein Kompendium, sondern soll gut verständlich und leicht lesbar sein.

Im Folgenden wird aus Gründen der besseren Lesbarkeit auf die explizite Nennung beider Geschlechter verzichtet.

Neben den rechtlichen und organisatorischen Vorgaben wird auch Wert gelegt auf charakterliche und persönliche Elemente einer Führungspersönlichkeit. Dabei soll nicht eine hehre, erhabene, idealisierte Person dargestellt werden, sondern ein greifbarer „Chef", der mit seiner Persönlichkeit Kunden und Personal überzeugt: die Angestellten, um die gewünschte innere Ordnung zu erreichen, und die Kunden, um das Akquisitionspotenzial optimal zu realisieren. Das Buch ist deshalb auch ein Buch über die Kunst der Kundengewinnung. Im KMU-Bereich ist der Chef oft „Der Erste Verkäufer" des Unternehmens. Dieses wesentliche Thema wird gewichtig dargestellt.

Wir sind uns alle bewusst, dass es ohne grosse Anstrengungen keinen Fortschritt und keine erfolgreiche Weiterentwicklung von Industrieprodukten, Konsum- und Luxusgütern gibt. Erfolgreiche Unternehmer geniessen in den USA schon längst ein hohes Ansehen, aber auch in unseren Breitengraden kommt dem KMU-Unternehmer wachsende Bedeutung und Wertschätzung zu. Wer erfolgreich zu verkaufen versteht, „verkauft" sich meist auch als Person gut und es öffnen sich damit die Tore zu einer befriedigenden und reich honorierten beruflichen Laufbahn, aber auch zu mehr Anerkennung und Akzeptanz im privaten Bereich. Im weitesten Sinne sind wir alle als Konsumenten „Kunden", die sich am Markt orientieren und Auftritt und Angebot vergleichen. Ebenso werden wir auch als Unternehmer tagtäglich wahrgenommen und kritisch beurteilt.

I. AM BALL BLEIBEN: DIE TAGTÄGLICHE HERAUSFORDERUNG DES VERWALTUNGSRATS

Als Geschäftsführer eines KMU muss man am Ball bleiben, nur so kann man erfolgreich sein und es auch bleiben. Alleine das Niveau der Produkte oder Dienstleistungen zu halten bzw. zu steigern, absorbiert Kräfte. Im finanziellen Umfeld des Unternehmens am Ball zu bleiben, ist eine Herausforderung.

1. UNTERNEHMENSFÜHRUNG

Um als Unternehmer Verantwortung für eine nachhaltige Zukunft zu übernehmen, muss ein innovatives und kreatives Klima durch ein positives Mitarbeiterumfeld geschaffen werden. Dazu gehört, mit Vision und Integrität ein Vorbild zu sein. Um mit Mitarbeitenden erfolgreich zu sein, braucht es gegenseitiges Geben und Nehmen. Zum Erfolgsfaktor einer ganzheitlichen Unternehmensführung gehört auch die Vorgabe einer klaren und nachvollziehbaren Strategie. Nur wenn alle am gleichen Strick und in die gleiche Richtung ziehen, kann es vorwärts gehen. Im Verwaltungsrat ist personell ein Weg zwischen familiärer Nähe und Professionalität zu suchen. Und schlussendlich ist auch an eine rechtzeitige Unternehmensnachfolge zu denken.

2. UNTERNEHMENSGEWINN

Unternehmerisches Ziel muss es sein, den Gewinn nachhaltig zu steigern, um einerseits Reserven für schwierige Zeiten aufzubauen und um andererseits das Unternehmen schlank zu halten. Nur ein Bewusstsein für einen schonungsvollen Umgang mit den finanziellen Ressourcen führt zu Effizienz und Gewinn. Damit können Gemeinkosten gesenkt werden. Kostenbewusstsein fördert neben der schlanken Unternehmenskultur auch die Konkurrenzfähigkeit des Unternehmens. Damit lässt sich der Vertriebserfolg, bzw. Umsatz, steigern. Resultate sind ein gesundes Unternehmen und Arbeitsplatzsicherheit für die Mitarbeitenden.

3. Unternehmerische Prozesse optimieren

Das schwächste Glied im Unternehmen ist der Knackpunkt. Die Unternehmensabläufe zu erkennen, zu analysieren und Schwachstellen zu beheben, muss als permanenter Prozess Eingang in den Betriebsalltag finden, um die Produktivität zu halten. Mit kundenorientierter Mitarbeiterführung erhöht man die Wettbewerbsfähigkeit. Eine offene und vertrauensvolle innerbetriebliche Kommunikation deckt rasch Defizite auf und strategische Kooperationen können den Unternehmensprozess verbessern.

4. Unternehmerisches Umfeld kennen

Neben den betrieblichen Faktoren spielt das regulatorische Umfeld zunehmend eine Rolle. Laufend müssen neue Gesetze und neue Bestimmungen im Unternehmen verarbeitet werden. Auch in den nächsten Jahren kommt einiges auf uns zu:

1. Im Obligationenrecht werden die Verjährungsfristen vereinheitlicht und neu definiert. Im Aktienrecht wird die „Abzocker-Initiative“ umgesetzt.
2. Die Eckwerte für die Revision und die Konsolidierungspflicht werden angepasst.
3. Die Rechnungslegung wird neu definiert.
4. Die Kennzeichnung von Waren mit dem Schweizerkreuz wird neu reglementiert.
5. Diverse Steuerabkommen (unter anderem mit Deutschland, den Niederlanden und Grossbritannien) verändern unsere grenzüberschreitenden Beziehungen.
6. Änderungen in nationalen Steuergesetzen fordern die Berater.
7. Neue Inhalte der Stiftungsaufsicht
8. Übernahme der Anerkennung der EU-Berufsqualifikation etc.

a) Zahlreiche Neuerungen 2020, hier eine Auswahl:

Der AHV-Beitragssatz steigt um 0,3 Prozentpunkte.

Alte Banknoten können unbegrenzt lange eingetauscht werden und nicht nur während 20 Jahren wie bisher. Die neue Regelung gilt für Banknoten ab der sechsten Serie, die 1976 ausgegeben wurde.

Hausbesitzer können ab 2020 von neuen Abzügen bei der direkten Bundessteuer profitieren. Auslagen für energiesparende Investitionen und Rückbaukosten können auf drei aufeinanderfolgende Steuerperioden verteilt werden. Es handelt sich um eine Massnahme zur Umsetzung der Energiestrategie.

Der Anlegerschutz wird verbessert. Mit dem Finanzdienstleistungsgesetz wird geregelt, wie Kundinnen und Kunden über Finanzinstrumente informiert werden müssen. Mit dem Finanzinstitutsgesetz werden neu auch die unabhängigen Vermögensverwalter einer Aufsicht unterstellt.

Heiratswillige Brautleute stossen auf weniger bürokratische Hürden. Die Wartefrist von zehn Tagen zwischen Ehevorbereitung und Trauung wird gestrichen. Damit kann direkt nach dem positiven Abschluss des Ehevorbereitungsverfahrens eine Trauung durchgeführt werden. An den Voraussetzungen für die Eheschliessung ändert sich nichts.

Die kantonalen Steuerprivilegien für Holdings und andere Statusgesellschaften werden abgeschafft. Die Schweiz reagiert damit auf internationalen Druck. Gleichzeitig werden international akzeptierte Vergünstigungen eingeführt, darunter die Patentbox und der erhöhte Forschungsabzug.

Als Geschäftsführer/-in muss man stets am Ball bleiben. Doch neben all den Herausforderungen darf man eines nicht vergessen: eine ausgewogene Lebensführung. Manchmal ist weniger mehr. Und es gibt auch ein Leben vor dem Tode.

b) Zahlreiche Neuerungen 2021, hier eine Auswahl:

Die Regulierungen mit den Massnahmen zu Corona und Covid fordern viel Einsatz von Unternehmen und Unternehmern. Im Aktienrecht wurden Neuerungen beschlossen. Kleinere Anpassungen erfolgten bei der AHV und beim BVG. Die Verkehrsregeln haben sich teilweise geändert. Die Quellensteuern wurden neu geordnet. Der Vaterschaftsurlaub wurde eingeführt. Die Drohnengesetzgebung wurde revidiert. Das Datenschutzgesetz wurde angepasst.

Die Anzahl Gesetzesseiten ist seit 1995 von knapp 43 000 Seiten auf 69 000 Seiten gestiegen.

c) Zahlreiche Neuerungen 2022, hier eine Auswahl:

AHV-Nummer: Behörden in der Schweiz dürfen die AHV-Nummer neu systematisch verwenden, um Personen zu identifizieren.

Armee: Für Angehörige der Armee steht neu eine unabhängige Vertrauensstelle zur Verfügung.

Betreibungen: Die Betreibungsämter können neu eine Gebühr von acht Franken in Rechnung stellen, wenn der Schuldner aufgefordert wird, eine Betreibungsurkunde persönlich auf dem Amt entgegenzunehmen. Hingegen ist die Protokollierung eines Rückzugs einer Betreibung durch das zuständige Betreibungsamt künftig kostenlos.

Bundesangestellte: Den Angestellten des Bundes werden neu vier statt zwei Wochen Vaterschaftsurlaub gewährt.

Gebühren: Vom neuen Jahr an muss der Preisüberwacher vor dem Erlass oder Ändern von Gebühren angehört werden.

Geschlecht: Menschen mit Transidentität oder einer Variante der Geschlechtsentwicklung können ihren Vornamen und das im Personenstandsregister eingetragene Geschlecht vom neuen Jahr an rasch und unbürokratisch ändern.

Häusliche Gewalt: Opfer von häuslicher Gewalt und Stalking sollen mit einer neuen Bestimmung über die elektronische Überwachung von zivilrechtlichen Rayon- und Kontaktverboten besser geschützt werden.

Invalidenversicherung: Neues bringt 2022 für Rentnerinnen und Rentner der Invalidenversicherung (IV). Bei einem Invaliditätsgrad zwischen 40 und 69 Prozent gibt es neu ein stufenloses Rentensystem – Erwerbsarbeit soll sich für die Betroffenen immer lohnen. Wie heute wird eine Vollrente ab 70 Prozent Invalidität zugesprochen.

Klima: Autoimporteure müssen neu auch für die klimaschädlichsten Fahrzeuge Bussen bezahlen, wenn sie die CO_2-Zielwerte verfehlen.

Personenfreizügigkeit: Kroatinnen und Kroaten können ab nächstem Jahr voll von der Personenfreizügigkeit in der Schweiz profitieren.

Steuern: Erbinnen und Erben können die Verrechnungssteuer auf Erbschaftserträgen ab sofort in ihrem Wohnkanton zurückfordern.

II. Das neue Aktienrecht

Von Michael Hasler, Treuhänder mit Eidg. FA, Zugelassener Revisionsexperte RAB

Nach jahrzehntelangen Vorarbeiten hat das Parlament im Juni 2020 die Aktienrechtsrevision beschlossen. Aus der einst in Aussicht gestellten „grossen" Aktienrechtsreform ist wenig geblieben, jedenfalls sind die Kernprinzipien weitgehend erhalten geblieben. Neben der Überführung der Abzocker-Initiative in den Gesetzestext wurden Angleichungen an das seit 2015 geltende neue Rechnungslegungsrecht vorgenommen. Weiter wurde die Generalversammlung modernisiert, sodass die Nutzung digitaler Technologien erlaubt ist und generell mehr Flexibilität bei der Organisation möglich ist. Zudem erfuhren die Aktionärs- und Minderheitsrechte eine Stärkung und beim Sanierungsrecht wurde insbesondere die Liquidität neben den bisherigen bilanziellen Bezugsgrössen ins Zentrum gestellt. Wir möchten hier näher auf die wichtigsten Neuerungen für nicht kotierte Unternehmen eingehen:

1. Aktienkapital und Dividenden

Der Nennwert einer Aktie kann neu auch weniger als CHF 0.01 betragen, muss aber über Null liegen, zudem kann das Aktienkapital auch in einer ausländischen Währung geführt werden, sofern diese für die Gesellschaft wesentlich ist. Neu ist die Einführung des Kapitalbandes. In den Statuten kann der Verwaltungsrat ermächtigt werden, innerhalb von längstens fünf Jahren das Aktienkapital um 50 Prozent zu erhöhen oder herabzusetzen. Die bisherige genehmigte Kapitalerhöhung wird somit obsolet. Das Kapitalherabsetzungsverfahren wurde vereinfacht, ein Schuldenruf genügt nun und die Frist zur Anmeldung von Ansprüchen wurde auf 30 Tage reduziert, zudem entfällt die Pflicht zur Sicherstellung, wenn die Gesellschaft nachweist, dass die Forderungen nicht gefährdet sind. Die neue Flexibilität ermöglicht den Gesellschaften, schneller auf Marktveränderungen zu reagieren, und erleichtert auch bilanzielle Sanierungen.

Die bisher verbotenen Zwischendividenden (Ausschüttungen aus dem laufenden Jahr) werden explizit für zulässig erklärt, wenn ein geprüfter Zwischenabschluss vorliegt. Eine Prüfung entfällt, wenn ein Opting-out besteht oder wenn sämtliche Aktionäre der Zwischendividende zustimmen und Forderungen der Gläubiger nicht gefährdet werden.

2. Aktionärsrechte

Neu haben Aktionäre mit 5 Prozent (bisher 10 %) des Aktienkapitals oder der Stimmen sowie Aktionäre mit Aktien im Nennwert von mindestens CHF 1 Mio. das Recht zur Traktandierung eines Verhandlungsgegenstandes. Aktionäre, die mindestens 10 Prozent des Aktienkapitals halten, können zudem auch ausserhalb der Generalversammlung Fragen an den Verwaltungsrat stellen, dieser muss die Fragen innert vier Monaten beantworten. Aktionäre mit mehr als 5 Prozent des Kapitals oder Stimmen können jederzeit Einsicht in die Geschäftsbücher und Korrespondenzen nehmen (schutzwürdige Interessen der Gesellschaft bleiben vorbehalten).

3. Generalversammlung

Die Generalversammlung wird modernisiert und erlaubt die Nutzung digitaler Technologie, so sind die Teilnahme und die Stimmabgabe schriftlich wie auch elektronisch möglich. Dies ermöglicht die Abhaltung einer rein virtuellen Generalversammlung ohne Tagungsort, aber auch eine Versammlung mit mehreren Tagungsorten, sofern die Voten an sämtlichen Tagungsorten unmittelbar in Ton und Bild übertragen werden, auch können physische Generalversammlungen im Ausland durchgeführt werden, wenn die Ausübung der Aktionärsrechte dadurch nicht erschwert wird. Sofern sämtliche Aktionäre vertreten sind, können Beschlüsse schriftlich oder elektronisch auf dem Zirkularweg gefasst werden, wenn kein Aktionär die mündliche Beratung verlangt. Um diese Möglichkeiten zu nutzen, müssen diese ausdrücklich in den Statuten vorgesehen sein.

4. Sanierungsrecht

Das neue Recht erweitert die Pflichten des Verwaltungsrats im Falle von finanziellen Schwierigkeiten. Der Verwaltungsrat hat nun ausdrückliche Pflichten bei drohender Zahlungsunfähigkeit, neben den bisher schon vorhandenen Pflichten bei Kapitalverlust und Überschuldung. Eine drohende Zahlungsunfähigkeit liegt vor, wenn die Gesellschaft weder über Mittel zur Erfüllung fälliger Verbindlichkeiten noch über den erforderlichen Kredit verfügt. Eine begründete Besorgnis ist gegeben, wenn sich die

Hinweise darauf verdichten, dass die Zahlungsverpflichtungen in den nächsten sechs Monaten (bei der ordentlichen Revision unterstellten Gesellschaften 12 Monate) nicht erfüllt werden können. Der Verwaltungsrat muss dann mit gebotener Eile Massnahmen zur Sicherstellung der Zahlungsfähigkeit ergreifen und soweit erforderlich weitere Sanierungsmassnahmen ergreifen respektive der Generalversammlung beantragen sowie nötigenfalls ein Nachlassstundungsgesuch einreichen. Eine Einberufung einer Sanierungsgeneralversammlung wie nach geltendem Recht wird nicht mehr zwingend verlangt, dafür müssen Gesellschaften ohne Revisionsstelle die letzte Jahresrechnung respektive den Zwischenabschluss einer eingeschränkten Revision unterziehen lassen.

Für den Fall einer Überschuldung wird klargestellt, dass der Verwaltungsrat die Bilanz nicht deponieren muss, wenn begründete Aussicht besteht, dass die Überschuldung innert angemessener Frist, spätestens aber 90 Tage nach Vorliegen der geprüften Abschlüsse, behoben werden kann. Gläubigerforderungen sollten nicht zusätzlich gefährdet werden.

5. VARIA

Neu sind die Verwaltungsrats- und Geschäftsleitungsmitglieder verpflichtet, dem Verwaltungsrat unverzüglich und vollständig über sie betreffende Interessenkonflikte zu informieren. Des Weiteren kann die Revisionsstelle inskünftig nur noch aus wichtigen Gründen abberufen werden, die Gründe sind im Anhang zur Jahresrechnung offenzulegen. Im Gegensatz zur jetzigen Praxis werden Rangrücktrittsforderungen bei der Schadensbemessung für die Verantwortlichkeitshaftung nicht berücksichtigt. Ausserdem wird die Verjährung bei der Verantwortlichkeitshaftung von fünf auf drei Jahre reduziert.

Obwohl einige sinnvolle Vorschläge nicht übernommen wurden, bringt das neue Gesetz zahlreiche Erleichterungen und mehr Flexibilität in verschiedenen Bereichen mit sich. Es trägt massgeblich zur Modernisierung des Schweizer Aktienrechts bei und klärt mehrere bisher umstrittene Punkte.

Das Inkrafttreten der Aktienrechtsrevision ist nicht vor 1.1.2023 zu erwarten, da die Ausführungsbestimmungen noch nicht fertiggestellt sind. Insbesondere bei der geänderten Handelsregisterverordnung ist noch der Ergebnisbericht der Vernehmlassungen pendent. Zudem sind gemäss EJPD noch diverse Anpassungen im Informatikbereich notwendig. Daher bleibt noch Zeit, um abzuklären, ob die Statuten und Reglemente den neuen Vorschriften entsprechen und in welchem Umfang von den neuen Bestimmungen Gebrauch gemacht werden soll. Daher sollte momentan mit allfälligen Bereinigungen und Neuerungen abgewartet werden, bis auch gleich das neue Aktienrecht integriert werden kann. Nach Inkrafttreten der Revision werden die Gesellschaften zwei Jahre Zeit haben, um ihre Statuten gegebenenfalls anzupassen. Zu beachten ist auch, dass nach Ablauf der zwei Jahre die Vorschriften des neuen Rechts Anwendung auf alle Verträge finden.

III. Profil des Verwaltungsrats

1. Zusammensetzung des Verwaltungsrats

Die optimale Zusammensetzung des Verwaltungsrats ist eine zentrale Aufgabe des Wahlorgans. In der Regel beginnt der Verwaltungsrat als Personengefüge mit der Ernennung des Verwaltungsratspräsidenten. Sollte dieser Person vom Wahlorgan die faktische (tatsächliche, aber nicht rechtliche) Kompetenz erteilt werden, die weiteren Personen vorzuschlagen, so ist dies eine Möglichkeit, das Verwaltungsratsgremium zu vervollständigen. Oftmals ist es aber auch so, dass in der Folge die Zusammensetzung des Verwaltungsrats das Ergebnis einer Geschichte und das Ergebnis von Machtverhältnissen des Aktionariats ist. Neben den rein faktischen Wünschen nach Vertretung von Aktionärsgruppen im Verwaltungsrat ist dem Bedürfnis eines ausgewogenen Gremiums unbedingt Rechnung zu tragen. Unter Umständen ist dem Gebot einer komplementären Ergänzung der Wunsch nach Macht unterzuordnen. Was hier als hehrer Grundsatz dargestellt wird, kann leider in vielen Fällen nicht verwirklicht werden. Nehmen wir also die komplementäre Ergänzung des Gremiums als höchstes Primat der Kompetenz des obersten strategischen Organs eines Unternehmens, als Leitgedanken. Sollte nur dem Machtgefüge Rechnung getragen werden, besteht die Gefahr eines unzulänglichen Handlungsorgans.

Ist das Handlungsorgan zusammengesetzt, muss durch eine laufende gegenseitige Kontrolle und Ergänzung ein kompetentes und schlagfertiges Personengefüge den Weg in die Zukunft für die Gesellschaft finden. Die Risiken des Organs sind:

- Strategische und operative Inhabersteuerung
- Fehlende Fachkompetenz
- Tatenloses Zu- oder Wegsehen
- Kreuzverflechtungen

Oft gibt es in Unternehmen keinen allgemeinen Katalog an Voraussetzungen, die ein potenzielles Verwaltungsratsmitglied mitbringen muss. Doch hat sich immer mehr herauskristallisiert, dass die Fachkompetenz, und damit einhergehend die Branchenkenntnis, eine sehr zentrale Rolle spielt.

Bei der Zusammensetzung des Verwaltungsrats ist vor allem darauf zu achten, welche Kompetenzen und Fachkenntnisse der Verwaltungsrat benötigt bzw. dem aktuellen Verwaltungsrat fehlen. Aufgrund dieser Erkenntnisse sind die geeigneten Führungskräfte zu suchen.

Im Idealfall setzt sich der Verwaltungsrat aus verschiedenen Charakteren mit unterschiedlichen Fachkompetenzen und einer hohen Branchenkenntnis zusammen.

Bei der Besetzung des Verwaltungsrats gilt es, die Risiken, die sich ergeben können, zu minimieren. Mangelnde Fachkompetenz, aber auch fehlende Sozialkompetenz, kann ein Risiko für die Unternehmensführung darstellen.

In der Schweiz gibt es, im Gegensatz zu Deutschland und Österreich, keine Beschränkung der Anzahl Verwaltungsratsmandate, die ein Verwaltungsrat innehaben kann. Bei zu starken Verflechtungen der Mandate kann dies jedoch zu Problemen führen. Daher ist es sinnvoll, diese zu beschränken, soweit potenzielle Interessenkonflikte bestehen. Je grösser die Unternehmen, desto eher trifft dies zu.

Für die zweckmässige Zusammensetzung eines Verwaltungsrats gibt es keine festen Regeln – zu vielfältig sind die Faktoren, welche letztlich die erfolgreiche Zusammenarbeit ausmachen. Auf der Ebene der einzelnen Mitglieder spielen nebst spezifischen Fachkenntnissen auch persönliche Eigenschaften (Sozialkompetenz, Loyalität, Kommunikations-, Konflikt- und Konsensfähigkeit etc.), die zeitliche Verfügbarkeit sowie die eigene Unabhängigkeit eine wichtige Rolle.

Bei der Zusammensetzung des Verwaltungsrats ist neben der richtigen Mischung aus Wissen, Können und Erfahrung – im Folgenden: Kompetenzen – auf eine ausgewogene Altersstruktur und auf eine angemessene Vertretung von Männern und Frauen zu achten.

Nachfolgend geht es darum, welche Kompetenzen der Verwaltungsrat als Gremium gewährleisten können sollte. Dabei wird zwischen Standardkompetenzen, branchen- und strategiebezogenen Kompetenzen sowie den unternehmerischen Besonderheiten unterschieden. Anzumerken ist, dass die nachfolgenden Kriterien nicht zwingend durch verschiedene (oder gar alle) Verwaltungsratsmitglieder abgedeckt werden müssen, und darüber hinaus kann auch ein Verwaltungsrat mehrere davon abdecken. Mit Blick auf die festgelegte Grösse des Verwaltungsrats gilt es zudem, die aufgeführten Kriterien in Bezug auf ihre Wichtigkeit zu bewerten.

a) *Standardkompetenzen*

Die Standardkompetenzen ergeben sich im Wesentlichen aus den nicht übertragbaren Kernaufgaben des Verwaltungsrats. Dazu gehören die Oberleitung der Gesellschaft, die Finanzkontrolle sowie die Aufsicht über die Geschäftsleitung. Branchenunabhängig sind dafür auf der Ebene des Verwaltungsrats gewisse funktionale Kompetenzen notwendig (welche idealerweise die Unternehmensleitung spiegeln), wobei aufgrund von Grösse und Ausrichtung des Unternehmens eine Gewichtung stattfinden muss. Zu diesen Kompetenzen gehören:

- Strategie und Führung
- Unternehmerische Erfahrung
- Finanzen/Rechnungswesen
- Recht/Compliance
- Marketing
- Technologie/IT
- Human Ressources
- Kommunikation/Public Affairs

b) *Branchen- und strategiebezogene Kompetenzen*

Für die Oberleitung eines Unternehmens benötigt es auch spezifische Branchenkenntnisse (evtl. nach Produktebereichen segmentiert) sowie – in geografischer Hinsicht – Kenntnisse der relevanten Märkte.

c) *Unternehmerische Besonderheiten*

Schlussendlich bedarf es spezifischer Kenntnisse des Verwaltungsrats, um den unternehmerischen Besonderheiten als Aufgabenstellung Rechnung tragen zu können.

d) *Checkliste*

- ☐ Fühlen Sie sich als Mitglied im Gremium wohl?
- ☐ Wird jede Person respektiert?
- ☐ Können Sie auch lachen im Gremium?
- ☐ Geht es nur um die Sache oder gibt es themenübergreifende Kompetenz?
- ☐ Wird gewählt statt bestimmt? Wird abgestimmt statt bestimmt?

2. FÜHRUNGSSTIL

a) Unterschiedliche Führungsstile

Über Führung und Führungsstile gibt es eine Fülle unterschiedlicher Meinungen. Welcher Führungsstil schlussendlich zum Erfolg führt, bleibt eine offene Frage. Verschiedene Fachmeinungen kommen zum Schluss, dass die Frage des Erfolgs nicht in der Art und Weise des Führungsstils begründet liegt, sondern allein in deren Struktur und Effizienz. Mit anderen Worten: entscheidend ist der richtige Weg, während die Art und Weise, der Stil, wie dieser Weg gesucht wird, von untergeordneter Bedeutung ist.

Führungsstile lassen sich mit folgenden Werten und Beschreibungen darstellen:

- Autoritär
- Kooperativ
- Laissez faire
- Integrierend
- Anspornend
- Fördernd
- Bremsend
- Ermutigend
- Wertschätzend
- Partizipativ
- Demokratisch
- Anweisend
- Überzeugend
- Beratend
- Delegierend

Heute hat sich in der Unternehmenskultur der kooperative Führungsstil als wegweisend herauskristallisiert.

b) Checkliste

- ☐ Wird geführt?
- ☐ Gibt es einen Führungsstil?
- ☐ Fühlen sich die Mitarbeiter wohl?
- ☐ Fühlt sich die Geschäftsleitung wohl?
- ☐ Ziehen alle Mitarbeiter am gleichen Strick?

3. ALLGEMEINE ANFORDERUNGEN FÜR DAS UMFELD

a) *Was zeichnet einen erfolgreichen Verwaltungsrat aus?*

- Einbringung der fachlichen Fähigkeiten
- Menschliche Eigenschaften
- Persönliche Kompetenzen
- Führungsqualitäten

Mit dem folgenden Anforderungskatalog wird umfassend das enorme Leistungspaket definiert, welches für die Zugehörigkeit zu einer „Unternehmerelite" zwingend notwendig ist.

b) *Menschliche Qualitäten*

Sozialkompetenz heisst, die Menschen zu respektieren, sich dem „Fairplay" verpflichtet zu fühlen und eine positive Haltung gegenüber anderen Personen, auch Andersdenkenden, einzunehmen. Es bedeutet auch, Empathie, also Einfühlungsvermögen zu entwickeln, gewissermassen zwei Seelen in einer Brust zu haben – die eigene und die des Kunden; aber auch selbstbewusstes, sicheres Auftreten, eine natürliche, ungezwungene Freundlichkeit, eine überlegte verbale Ausdrucksweise, Loyalität sowohl gegenüber Kunden als auch gegenüber der Konkurrenz und das beharrliche Pflegen von Netzwerken, die laufend überprüft und an veränderte Situationen angepasst werden sollten.

Beispiele:

Das persönliche Netzwerk (es ist grösser, als man denkt!) kann gepflegt werden, indem in regelmässigen Abständen Kontakt aufgenommen wird mit Freunden, Verwandten, Nachbarn, Bekannten, Geschäftspartnern, Militär-, Vereins- und Schulkollegen usw., sei es brieflich, telefonisch oder mit einem Treffen zu einem gemütlichen Drink.

Gute Gelegenheiten dazu bieten Geburtstage (in der Agenda die Daten eintragen) oder Feiertage (Weihnachts- und Ostergrüsse), aber auch der Besuch von Seminaren, Vorträgen, Empfängen, Kundenanlässen etc. Ein scheinbar lockerer Small Talk ist oft auch der Beginn einer Bekanntschaft oder gar einer vertieften Beziehung, sei sie privat oder geschäftlich.

Wenn man sich Eigenheiten und Vorlieben wie Hobbys, ausgeübte Sportarten, den familiären Kontext oder andere besondere Interessen merkt respektive notiert, kann das Gegenüber bei Gelegenheit darauf angesprochen werden, was sogleich einen persönlichen Bezug herstellt.

c) *Erscheinungsbild*

Es sollte auf eine gepflegte Erscheinung geachtet werden; gute Umgangs- und Ausdrucksformen verbal und nonverbal zu pflegen ist genauso wichtig, wie beim Gespräch nicht abzuschweifen, sondern beim Thema zu bleiben und das Gespräch auf den Punkt zu bringen: das Ziel klar vor Augen haben, dabei unverkrampft bleiben und sich der unterstützenden Wirkung von Augenkontakt, Gestik und Mimik bewusst sein.

Beispiele:

Sich tendenziell klassisch-neutral und der Person, evtl. auch der jeweiligen Branche angepasst kleiden und auf wilde Krawatten, Ohrringe, Tattoos etc. verzichten. Immer vorher den Spiegel befragen, ob alles zusammen passt.

d) *Mit sich im „Reinen" sein*

Innere Balance stärkt die Konzentration und ermöglicht höchste, kontinuierliche Leistungen. Dazu gehören sowohl körperliche Fitness, Ausdauer, Beharrlichkeit und Zielstrebigkeit als auch ergebnisorientiertes, wirtschaftliches, unternehmerisches Denken, die Überwindung der Angst vor dem Nein und die Fähigkeit, ein Nein nicht als endgültig zu betrachten, „vornehme" Zurückhaltung, Vertrauen, Glaubhaftigkeit, Seriosität und die Fähigkeit, Schwellenängste, Hemmungen und die Angst vor Abweisung zu überwinden, sich mental zu konditionieren. Bei den Fakten zu bleiben und keine falschen Versprechungen zu machen, sollte nicht den Enthusiasmus trüben. Überzeugt zu sein vom eigenen Angebot (bei Unselbstständigkeit: vom Arbeitgeber und dessen Produkten) ist wichtig.

Wer ehrlich ist und authentisch, hat keine Probleme mit den Menschen. Er steht mit den Füssen am Boden und muss sich nichts vormachen.

Beispiel:

Wirtschaftliches Denken im Gespräch heisst, sich im Klaren zu sein, ob mein letztes Angebot für mein Unternehmen und den Kunden noch vorteilhaft und rentabel ist, und zu wissen, wo die Grenzen liegen. Man konditioniert sich auf den Kunden, indem man ihn als Freund betrachtet, ihn nicht zu übervorteilen versucht und ihm zu spüren gibt, das Beste für ihn zu wollen.

e) *Fachliche Qualitäten und Kenntnisse*

Besonders wichtig ist das klare Erkennen der Strategie und der Ziele des KMU.

Dazu muss man das ganze Sortiment und die Eigenschaften und Merkmale der einzelnen Produkte und Dienstleistungen studieren und genau kennen. Den USP (Unique Selling Proposition = Einzigartigkeit meines Angebotes) kann man nur formulieren, wenn man die Vorzüge des eigenen Produktes oder der eigenen Dienstleistung dem Konkurrenzangebot gegenüberstellt, einleuchtende Vergleiche aufzeigt und Produktunterschiede überzeugend darstellen und klar kommunizieren kann.

Dazu gehören fundierte Kenntnisse der Konkurrenz wie

- Unternehmenskultur
- Organisation
- Verkaufs-/Vertriebspolitik
- Marktposition
- Art und Umfang der Promotions- und Werbemassnahmen
- Vor- und Nachteile der Produkte
- Damit wird die Gefahr der Austauschbarkeit weitgehend vermieden.

f) *Stärken und Schwächen der Konkurrenz*

Eine genaue Analyse der Stärken und Schwächen der Konkurrenz und deren Produktpalette und ein seriöser Vergleich zum eigenen Angebot führt zu

- Transparenz
- Selbstsicherheit
- Glaubhaftigkeit
- Überzeugenden Verkaufsargumenten

und damit zu entsprechenden Erfolgen als KMU-Unternehmer.

g) *Ansprechpartner*

Unser Hauptinteresse fokussiert sich auf den Ansprechpartner, auf den Kunden. Ihn sollte man durch Beschaffen von Informationen und im persönlichen Gespräch gut kennenlernen, wenn möglich sich auch informieren über

- Stellung in der Firma
- Familienverhältnisse
- Hobbys
- Geburtsdatum
- Persönliche Gewohnheiten und Vorlieben

Ist er empfänglich für „Aufmerksamkeiten und Gefälligkeiten" (wenn ja, in welcher Form?). Hilfreich sind sicher auch Kenntnisse über sein berufliches Umfeld, über seine

- Vorgesetzten
- Untergebenen
- Kompetenzen
- Verantwortungsbereiche
- Entscheidungsfreiheiten

Wie weit gehen seine Kompetenzen und wer entscheidet darüber hinaus? Ein Vorgesetzter, ein Gremium, die Partnerin des Firmeninhabers oder wer hat sonst noch Einfluss auf die Entscheidungen?

h) Informationsbeschaffung

Wie beschafft man sich solche wichtigen Informationen über den Ansprechpartner? Ein Versuch lohnt sich zum Beispiel beim Assistenten, der Sekretärin, der Telefonistin. Gut zu wissen ist auch die telefonische Erreichbarkeit, der beste Zeitpunkt für eine telefonische Kontaktaufnahme, die persönliche Handynummer und Privatadresse sowie längere Abwesenheiten wie Ferien, Krankheit etc. Als Informationsquellen bezüglich Branche, Markt etc. eignen sich besonders gut

- Kundenanlässe
- Seminare
- Fachtagungen

Weiterbildungsmöglichkeiten innerhalb und ausserhalb der Branche, Teilnahme in Erfahrungsgruppen und an anderen geeigneten Anlässen sind hilfreich, um möglichst viele persönliche Kontakte zu schaffen und zu pflegen (auch mit Vertretern der Konkurrenz). Zu empfehlen ist auch die tägliche Lektüre des Wirtschaftsteils von Tageszeitungen und Fachzeitungen. Besonders wertvolle Informationen über die jeweilige Branche, die Lieferanten, Kunden, Produkte etc. sind auch im Internet zu finden.

i) Marktkenntnisse

Marktkenntnisse erwirbt man in erster Linie mit einer genauen Marktanalyse, welche das Marktpotenzial für die Produkte oder Dienstleistungen im Zielgebiet realistisch abschätzt, die Zielgruppen definiert und analysiert. Auf der soliden Basis einer konkreten Marktanalyse ist es wesentlich einfacher, die Aufnahmefähigkeit des Marktes für Produkte oder Dienstleistungen abzuschätzen und entsprechend eine markt- und zielorientierte Bearbeitungsstrategie zu entwickeln. Dazu gehört dann die Kontaktnahme mit den potenziellen Kunden, um deren Wünsche, Vorstellungen und Erwartungen an das Produkt kennenzulernen. Darauf folgt die Erarbeitung eines detaillierten konkreten Angebots.

j) Verkaufs- und Besuchsplanung

Die wichtigste Voraussetzung für ein Erfolg versprechendes Gespräch ist eine seriöse Vorbereitung. Diese fängt damit an, dass sowohl die gesamte Woche als auch jeder einzelne Tag gut geplant werden, mit genügend Zeitreserven für Unvorhergesehenes. Eine Reise bzw. ein Tourenplan für die vorgesehenen Besuche ist unter Berücksichtigung geografischer Vorgaben zu erstellen. Dabei ist auch zu berücksichtigen, welches der optimale Zeitpunkt für den Kunden ist, der bevorzugte Wochentag und die beste Tageszeit.

Die Kontaktnahme mit dem Entscheidungsträger erfolgt vorzugsweise am Telefon. Der Zweck des Besuchs ist in wenigen Sätzen, maximal in 30 Sekunden zu erklären, mit dem Ziel, das Interesse an dem geplanten Besuch und dem gewünschten Gespräch zu wecken. Als Beispiele sind denkbar:

- Lancierung eines neuen international erfolgreichen Produktes
- Vorschlag einer gemeinsamen Promotionskampagne
- Länderspezifische Aktionen wie Italien, Spanien, Fernost etc.
- Saisonale Promotionen im Zusammenhang mit Weihnachten, Ostern, Sommer, Winter, Jubiläen etc.

k) Gesprächsvorbereitung

Der vereinbarte Termin ist unbedingt schriftlich, zum Beispiel per E-Mail, zu bestätigen und es ist eine Traktandenliste zu erstellen. Sobald der Termin bekannt ist, bedarf es einer sorgfältigen Planung des Gesprächsablaufs. Hilfreich ist es dabei, überzeugende Argumente aufzulisten und sich auf allfällige Einwände des Kunden und auf seine möglichen Fragen vorzubereiten. Zur Vorbereitung gehört auch ein Blick auf die Homepage, die Beschaffung von aktuellen Informationen über die Firma, die Organisationsstruktur, die spezifischen Kriterien des Kunden, die Aufnahme eines neuen Produktes. Lässt sich evaluieren, wie lange üblicherweise die Entscheidung für eine Neulistung dauert und wie man den Verlauf des Prozesses noch beeinflussen kann?

l) Wer fragt, führt

Wer fragt, führt, zeigt Interesse und Wissen und fordert den Dialogpartner. Im persönlichen Gespräch sind Fragen zu stellen zur Branche und deren Trends, zum Geschäftsgang, generell zur Umsatzentwicklung und produktspezifisch im eigenen Segment, zum Anteil des Produktsegments am Gesamtumsatz der Firma, zur Umsatzentwicklung des eigenen Segments im Verhältnis zum übrigen Sortiment, zur Gesamtmarktentwicklung, zu den massgebenden Mitbewerbern und Benchmarktzahlen, zu den Möglichkeiten, Marktnischen zu finden und abzudecken mit zusätzlicher Rendite für den Kunden, ohne das bestehende Sortiment zu konkurrenzieren.

Aufgrund von richtungsweisenden Antworten des Kunden können Verkaufshilfen und verkaufsfördernde Massnahmen angeboten werden und eigene koordiniert werden mit solchen des Kunden. Solche Möglichkeiten, wie auch Sortimentsprämien, Umsatz-Jahresrückvergütungen etc. sind gemeinsam abzuklären.

Vor der Festlegung des Preises sind die Margenerwartungen und Endverkaufspreise des Kunden zu diskutieren. Dabei muss man die Philosophie des Kunden, seine Verkaufspolitik, seine Stellung im Markt, seine Strategie (z.B. Preisführerschaft), seine Taktik (z.B. Vollsortimenter, teuer, preisaggressiv, billig, konservativ etc.) und sein Vertriebsnetz genau kennen.

m) Checkliste

- ☐ Ergänzt sich der Verwaltungsrat in seinen Kompetenzen?
- ☐ Wird diskutiert und debattiert?
- ☐ Bereiten sich die Teilnehmer auf die Sitzung vor?
- ☐ Spürt der Verwaltungsrat den Markt?
- ☐ Ist der Verwaltungsrat marktorientiert oder eher Administrator?
- ☐ Sind Verwaltungsratsmitglieder unterschiedlicher Studienrichtungen vertreten?
- ☐ Sind im Verwaltungsrat unterschiedliche Berufsrichtungen beziehungsweise Berufe vertreten?
- ☐ Gibt es eine respektierende Gesprächskultur?
- ☐ Ist aus dem Protokoll die Entscheidmotivation des Verwaltungsrats lesbar und nachvollziehbar?
- ☐ Welche Informationen erhalten die Verwaltungsratsmitglieder?

4. Klarer beruflicher Weg als Voraussetzung

a) *Allgemeines*

- Unternehmer zu sein bedeutet Berufung und Verantwortung
- Die ganze Persönlichkeit und grosses Wissen einbringen
- Erfolg ist abhängig von Wissen, Können und Wollen

Nebst der Notwendigkeit, gute persönliche und zwischenmenschliche Kontakte herzustellen und nachhaltig zu pflegen, kann der Unternehmer seine ganze Persönlichkeit und Erfahrung, das heisst sein umfassendes fachliches und allgemeines Wissen mit Begeisterung und Überzeugung in die Gespräche einbringen. Ob er in dieser Tätigkeit Erfolg oder Misserfolg hat, ist einzig und allein abhängig von seinem WISSEN, KÖNNEN und WOLLEN.

Vor dem Entscheid, den Schritt zum KMU-Unternehmer zu wagen und den Weg in die Selbstständigkeit zu wählen, sollten nachstehende Fragen kritisch und umfassend beantwortet werden.

b) *Woher komme ich?*

- Habe ich in der Vergangenheit schon einmal etwas erfolgreich umgesetzt?
- Habe ich schon in einem kompetitiven Umfeld gelebt oder gearbeitet und dabei Erfolge, aber auch Misserfolge erfahren?
- Wie kann ich damit umgehen?
- Hatte ich ein eher problemloses Leben oder musste ich mich auch schon durchsetzen und gegen Widerstand behaupten?
- Habe ich meine Ziele in der Vergangenheit erreicht und neue gesucht?
- Kann ich Hindernisse überwinden oder versuche ich, diese zu umgehen oder gar zu ignorieren?
- Erlebe ich Freude und Befriedigung, wenn ich jemandem etwas vermitteln konnte, auch wenn es nur eine Idee war?

c) *Was bringe ich mit?*

- Verfüge ich über eine solide zeitgemässe Ausbildung?
- Habe ich kaufmännische Kenntnisse?
- Habe ich Freude an Herausforderungen und am Erfolg?

- Habe ich ein gewinnendes Wesen und eine freundliche Art, mit Menschen aller Schattierungen umzugehen und sie zu akzeptieren, wie sie sind?
- Kann ich persönliche Eigenschaften und Bedürfnisse eines Gesprächspartners erkennen und entsprechend darauf eingehen?
- Bin ich fähig, bei allem freundlichen Umgang mit Menschen und vor allem im persönlichen Gespräch nie das Ziel und das gewünschte Ergebnis aus den Augen zu verlieren?

d) *Wo stehe ich heute?*

- Befriedigt mich meine jetzige Tätigkeit oder strebe ich einen Wechsel an?
- Reizt mich der Gedanke, mir ein neues Arbeitsfeld mit neuen menschlichen Kontakten zu schaffen und mit Spitzenleistungen mehr zu verdienen?
- Bin ich genügend gefordert? Wird meine Arbeit geschätzt und gut honoriert?
- Habe ich genügend Freiraum?
- Bin ich gerne mobil?
- Bin ich vielseitig und kann ich Freiheit mit Verantwortung verbinden?
- Bin ich bereit, etwas Neues anzupacken und eine grössere Herausforderung anzugehen?

e) *Wohin will ich?*

- Was sind meine Wunschvorstellungen einer idealen Tätigkeit?
- Habe ich dazu die nötigen Fähigkeiten und den Willen, ein solches Ziel zu erreichen?
- Wie viel Zeit und sonstigen Aufwand bin ich bereit, zu investieren und kann ich im Hinblick auf die Work-Life-Balance leisten, um meine Vorstellungen zu realisieren und dorthin zu gelangen, wo ich hin möchte?
- Bin ich bereit, nötigenfalls anfänglich auf einen Teil meines bisherigen Einkommens zugunsten einer notwendigen Ausbildung für meine neue Aufgabe zu verzichten und mich eventuell auch geografisch den Anforderungen meiner neuen Tätigkeit anzupassen?

f) Checkliste

- ☐ Bestehen klare Vorstellungen über die Zukunft?
- ☐ Hinterfrage ich vier Mal pro Jahr meinen beruflichen Weg?
- ☐ Analysiere ich meine erreichten Ziele?
- ☐ Bestimme ich oder werde ich bestimmt?
- ☐ Fühle ich mich wohl auf meinem beruflichen Weg?
- ☐ Wie unabhängig bin ich?

5. Spezifische Voraussetzungen

a) *Einsitz in einem Verwaltungsrat*

- Führungserfahrung
- Mitwirkung bei der Erarbeitung von Strategien
- Produkt- und Marktkenntnisse
- Praxis in der Analyse und Interpretation von betrieblichen Kennziffern
- Mitwirkung bei der Durchführung von notwendigen Veränderungsprozessen
- Restrukturierungserfahrung
- Kenntnisse in der Umsetzung komplexer Projekte

Um der Aufgabe als Verwaltungsrat gerecht zu werden, genügt fachliche Grundkompetenz alleine nicht und eine Führungsposition als solche auch nicht. Die unmittelbare Führung von Personal ist nicht die eigentliche Kernaufgabe des Verwaltungsrats. Vielmehr ist er das oberste Organ, welches die Strategie des Unternehmens definiert und mit der Wahl der Geschäftsleitung für die Umsetzung Sorge zu tragen hat. Dies umfasst weit mehr als reine Führungsaufgaben. Auf der einen Seite sind in der Strategie die Kernfelder des Unternehmens zu definieren und zu gewichten. In diesen Bereichen wird Kapital eingesetzt, was zu Ertrag und damit zu Gewinnen führt. Daneben muss aber auch für die Umsetzung dieser Leitgedanken ein oberster Personalkörper eingesetzt werden, der in der Lage sein muss, die ihm gestellte Aufgabe der Umsetzung wahrzunehmen. Das bedeutet, durch Selektion und Wahl eine Gruppe von Personen zu bilden, welche sich ergänzen, bereichern und zielgerichtet die Aufgaben umsetzen. Es versteht sich von allein, dass hier persönliche Unstimmigkeiten zu Widerständen und damit zu einer Verlangsamung des unternehmerischen Prozesses führen. Die Kunst des Verwaltungsrats als Gremium liegt nun darin, der Geschäftsleitung eine Botschaft im Konsens zu übermitteln und dafür Sorge zu tragen, dass diese Botschaft aufgenommen und transportiert wird. Schwachstellen im Personengefüge der Geschäftsleitung sind rechtzeitig zu erkennen, sei es vom Verwaltungsratspräsidenten oder vom gesamten Gremium. Korrigierende Handlungen sind geboten, wenn sich unerwünschte Richtungsänderung abzeichnen. Die gemeinsame Erfüllung von Aufgaben in den Bereichen Führung und Strategie soll als eine der spezifischen integralen Tätigkeiten des Verwaltungsrats bezeichnet werden.

Um die Zielrichtung des Unternehmens festzulegen, sind Produkt- und Marktkenntnisse unerlässlich. Wer nicht weiss, was genau angeboten wird und ob ein solches Angebot auf dem Markt gesucht ist, hat nicht das notwendige Wissen, um strategische Leitplanken festzulegen.

Der Verwaltungsrat wird über das Instrument des Reportings oder von Managementinformationssystemen periodisch und regelmässig über die Entwicklung orientiert. Der Verwaltungsrat ist angehalten, aus dem Wust an Informationen, die auf ihn zukommen, das Essenzielle und Wichtige herauszufiltern und die absolut notwendigen Kennziffern und Informationen zu definieren. Dies ist eine grosse Herausforderung. Die Geschäftsleitung hat den Vorteil der hohen Sachkompetenz und damit der Produktion der entsprechenden Information, Produktion als das Zustandekommen der entsprechenden Information verstanden. Sie hat aber den Nachteil, dass sie sich in einem spezifischen Teilbereich des Unternehmens bewegt und damit Gefahr läuft, die übergeordnete Sicht zu verlieren oder gar nicht erst zu haben. Gerade dafür braucht es dann den Verwaltungsrat. Auf der anderen Seite kann im Extremfall eine solche übergeordnete Sicht dazu führen, eine hoch rentable Unternehmenseinheit zu verkaufen, nur weil dies aus einer übergeordneten Sicht geboten ist. Eine solche Information kann in der Regel aus einem Teilbereich der Geschäftsleitung nicht erarbeitet werden.

Die Veränderung des Unternehmens ist ein permanenter Prozess und damit eine der grössten Herausforderungen im Unternehmen. Das Erkennen gebotener Veränderungen ist eine der Kernaufgaben des Verwaltungsrats. Unternehmensteile zusammenzufügen oder aufzuteilen, hierarchische Gliederungen und länderspezifische Veränderungen vorzunehmen, all das sind notwendige Schritte, die als Gebot für die Stärke des Unternehmens erkannt werden müssen. Diese Prozesse sind zu initiieren, zu begleiten und im gegebenen Moment auch als abgeschlossen zu erklären. Die Kadenz der Prozesse ist zu definieren, wobei die Kompetenz und Bereitschaft der Geschäftsleitung zu solchen Veränderungen wahrgenommen, aber nicht überlastet werden sollte. Die Aufgabe ist es auch, die Geschäftsleitung zu fordern und damit nicht träge werden zu lassen. Genügend Erfahrung in solchen Prozessen hilft, solche Veränderungen, die selbstredend sehr komplex sind und damit an das oberste Organ höchste Anforderungen stellen, zu initialisieren, zu realisieren und zu begleiten.

b) *Checkliste*

- ☐ Welches sind die wichtigsten Kennzahlen des Unternehmens?
- ☐ Was kann ich einbringen? Bringe ich etwas ein?
- ☐ Auf welchem Gebiet habe ich als Verwaltungsrat mehr Kompetenz als die Geschäftsleitung?
- ☐ Bin ich unabhängig oder vom Unternehmen wirtschaftlich abhängig?
- ☐ Verstehe ich die Geschäftsprozesse des Unternehmens?

6. Charakterliche Kompetenzen

a) *Die verschiedenen Kompetenzen*

- Glaubwürdigkeit
- Integrität
- Unabhängigkeit
- Authentizität
- Zeitsouveränität
- Zivilcourage
- Hartnäckigkeit und Durchsetzungsvermögen
- Kritikfähigkeit bzw. Fähigkeit zur Selbstkritik

In diesem Kapitel wollen wir uns den charakterlichen Kompetenzen des Verwaltungsrats als Anforderungsprofil widmen. Der Verwaltungsrat ist ja nicht nur ein anonymes Gremium, welches die Strategie des Unternehmens bestimmt, sondern auch eine Gruppe von Personen, welche durch ihre persönlichen Eigenschaften gewissermassen die Visitenkarte des Unternehmens darstellt. Mitarbeiter und Umfeld sollten nicht nur die Arbeit dieses Organs wertschätzen, sondern auch die Personen. Fehlen charakterliche Eigenschaften, macht sich schnell Kritik und Missbilligung breit.

Eine Person, die Einsitz in einem Verwaltungsrat hat, muss glaubwürdig sein. Damit verbunden ist Integrität und Authentizität. Die Person muss vertrauenserweckend sein. Das Vertrauen, das solchen Personen entgegengebracht wird, ist Katalysator für die Umsetzung der vom Verwaltungsrat gewünschten unternehmerischen Tätigkeiten. Wird die Person nicht als absolut integer wahrgenommen, führen Zweifel zu Behinderungen.

Zeitsouveränität ist ein weiteres wichtiges Merkmal für die Person des Verwaltungsrats. Zeitsouveränität bedeutet eine Beherrschung der Agenda, um den laufenden Führungsaufgaben gerecht zu werden. Dies erfordert, Prioritäten zu setzen und eine angemessene Reaktion zu finden auf unternehmerische Entscheide in Bezug auf Quantität und Qualität. Heute ist die elektronische Informationsübermittlung Hauptquartier der Kommunikation. Dies bedeutet für den Verwaltungsrat eine hohe Erreichbarkeit per E-Mail und eine laufende Beantwortung dieser Korrespondenz. Neben dieser zeitlichen Komponente ist aber auch die Qualität der Kommunikation mit entscheidend. Wird zu viel kommuniziert, wird man Opfer einer Datenflut, wird zu wenig kommuniziert, kann man Opfer eines Vorwurfs der Inkompetenz werden. Nur die richtige Auswahl der Themen und konzise und präzise Antworten führen zu einer zielgerichteten Informationsvermittlung. Damit wird der Verwaltungsrat als kompetenter Ansprechpartner wahrgenommen und folglich in der Unternehmenskommunikation nur mit denjenigen Fragen konfrontiert, die notwendig sind und deren Beantwortung vom Absender innert angemessener Zeit erwartet werden kann.

Innerhalb des Gremiums des Verwaltungsrats und auch gegenüber der Geschäftsleitung bedarf es der Zivilcourage. Im richtigen Moment das Richtige zu sagen und dem Gebot der Wahrheit und Notwendigkeit Rechnung zu tragen, Unangenehmes auszusprechen und bei nicht Verständlichem nachzufragen, kann unter Umständen unangenehm sein, ist aber absolut notwendig. Nicht Verständliches darf nicht liegen bleiben und nicht widerspruchslos im Raum stehen gelassen werden. Das kann unter Umständen auch bedeuten, dass man als Verwaltungsrat in einem spezifischen Bereich alleine mit seiner Meinung da steht. Wenn aber immer nur der Weg des geringsten Widerstandes verfolgt wird, fehlt der Dialog und damit der absolut notwendige Austausch unterschiedlicher Meinungen. Wenn diese Kultur nicht fruchtbar im Gremium gepflegt wird, besteht die Gefahr von Blindheit und damit von unternehmerischen Risiken. Gegenseitiger Respekt und Verständnis für andere Meinungen und die positive Kultur des Unterschiedes führen im Konsens, sei es einstimmig oder mit einer zu akzeptierenden Minderheit, zu einer fruchtbaren Entwicklung des Unternehmens.

Die einmal getroffenen Entscheide sind in der Umsetzung zu verfolgen. Deshalb bedarf es einer sorgfältigen Pendenzenliste und einer Kontrolle der vom Verwaltungsrat getroffenen Entscheide. Entscheide, welche die Geschäftsleitung nicht umsetzt, sind wieder aufzunehmen und zu thematisieren. Es darf nicht sein, dass die Umsetzung mangelhaft ist. Sollten sich hier Schwierigkeiten zeigen, sind diese zu hinterfragen und zu diskutieren. Unter Umständen führt eine solche Analyse zu einer Wiedererwägung des getroffenen Entscheids, oder aber sie führt zu einer Annahme der Kritik und zur Durchsetzung.

Im Gremium selbst bedarf es auch einer notwendigen Kritikfähigkeit sich selbst gegenüber und gegenüber den Verwaltungsratskollegen. Schlussendlich ist es die Leistung des Gremiums, welche zum Unternehmenserfolg führt. Es ist nicht die Summe der Einzelpersonen, sondern das Kollektiv. Der Verwaltungsrat wird nicht anhand der Leistungen der Einzelpersonen gemessen, sondern als gesamte Körperschaft. Dies bedingt einerseits ein gewisses notwendiges egoistisches Handeln, welche die jeweilige Individualität auszeichnet, andererseits aber auch ein altruistisches Handeln, welches als übergeordnete Prämisse dominiert.

b) Checkliste

- ☐ Arbeite ich für das Unternehmen oder für mich?
- ☐ Bleibe ich am Ball, weiss ich, worum es geht?
- ☐ Kann ich mich entschuldigen, wenn ich etwas nicht optimal praktiziere?
- ☐ Grüsse ich freundlich und werde ich freundlich gegrüsst?
- ☐ Bedanke ich mich für kleine Aufmerksamkeiten?
- ☐ Bin ich pünktlich und halte ich alle Termine ein?
- ☐ Habe ich Übersicht über meine Kommunikation?
- ☐ Gibt es eine VR-Pendenzenliste? Habe ich eine persönliche Pendenzenliste?
- ☐ Bin ich bereit, meine Meinung auch entgegen dem Kollektiv des VR zu vertreten?

7. Lernfähigkeit des Verwaltungsrats

a) *Allgemeines*

- Konstruktive, sachbezogene Streitkultur
- Teamfähigkeit, aber nicht bis zur Selbstverleugnung
- Natürliche Neugierde
- Offenheit und Transparenz
- Lernbereitschaft
- Die Gabe, sich selbst infrage stellen und zurücknehmen zu können
- Bescheidenheit

Die konstruktive, sachbezogene Streitkultur ist notwendiges Element des Verwaltungsrats als kollektives Entscheidungsorgan. Die einzelnen Themen und die Entscheide müssen offen diskutiert werden und Meinungen, welche ausserhalb eines möglichen Konsensbereiches liegen, müssen konstruktiv kritisiert werden können. Diese Voraussetzungen müssen sowohl beim Absender der Botschaft als auch beim Empfänger vorhanden sein.

Ein guter Teamplayer zeichnet sich durch die Fähigkeit aus, seine Meinung im Team einzubringen und im Rahmen des Informationsaustausches zu überdenken, zu revidieren und sich am Ende eine abschliessende Meinung zu bilden. Diese kann dann im Rahmen einer gemeinsamen Meinung seinen Niederschlag finden, aber auch als Minderheitsmeinung. Entsprechend ist es geboten, eine solche Minderheitsmeinung im Protokoll festzuhalten. Das Prinzip der Minderheitsmeinung ist zu pflegen, darf aber auch nicht überborden. Sollte dies auf eine Person generell und permanent zutreffen, ist die Zusammensetzung des Verwaltungsrats zu überdenken.

Zur Lernfähigkeit des Verwaltungsrats gehört auch die Bereitschaft zu lernen. Und zwar in allen Bereichen. Besonders Personen, welche neu zum Verwaltungsrat stossen, sind zu Beginn gefordert. Sie müssen ein neues Personengefüge, das Unternehmen, die Strategie etc. kennenlernen. Dies fordert und ist die erste wichtige Aufgabe. Im Laufe der Verwaltungsratstätigkeit kommen mit jeder Mitgliedersitzung neue Informationen auf die Mitglieder des Gremiums zu, die Lektüre der Unterlagen und das Studium von Tabellen ist erforderlich und muss mit der notwendigen Konzentration aufgenommen werden, um der Aufgabe gerecht zu werden.

Im Gremium des Verwaltungsrats sollte man seine Persönlichkeit zurücknehmen, sich selbst nicht zu wichtig nehmen und sich in das Kollektiv integrieren. Bescheidenheit fördert die Akzeptanz bei den Kollegen. Platzhirsche hingegen sind schädlich für das Arbeitsklima und führen zu unfruchtbarer Dominanz einzelner Positionen.

b) Checkliste

- ☐ Lese ich alle notwendigen Akten für die nächste VR-Sitzung?
- ☐ Lese ich Fachartikel zum Themenkreis?
- ☐ Besuche ich erweiternde Seminare?
- ☐ Bin ich am Geschäft und Thema (noch) interessiert?

8. Der Verwaltungsrat als Mensch

a) *Menschliche Eigenschaften*

- Empathie (Liebe)
- Gelassenheit
- Anerkennung der Leistungen von Dritten
- Unterdrückung von Selbstdarstellung
- Respekt
- Kampf gegen pflichtwidrige Beschlüsse im Verwaltungsrat
- Fähigkeit, loszulassen

b) *Altlasten loslassen*

Wir müssen Altes loslassen, um Neues aufzunehmen. Wir müssen uns von alten Zöpfen, unzeitgemässen Denkweisen und liebgewonnenen Gewohnheiten lösen, um uns für neue Erkenntnisse und Perspektiven öffnen zu können.

Vorwürfe, Vorurteile, Verurteilungen, Nörgeleien, negative Kritik sollten wir vermeiden und uns von sorgenvollen Gedanken, schlechten Erfahrungen und belastenden Geschehnissen lösen. Orientieren wir uns in Richtung Zukunft! Schliessen wir solche Kapitel wie Nachtragen, Zaudern, Stillstehen, Bereuen, mit dem Schicksal Hadern, nostalgisches Denken oder Überempfindlichkeit ab!

c) *Richtiges Denken führt zum Erfolg*

Richtiger Umgang mit Mitmenschen heisst: auf sie zugehen, auf sie eingehen, freundlich und höflich mit ihnen umgehen und sich positiv auf sie einstellen.

Wenn Sie sich wünschen, dass Ihre Mitmenschen gut über Sie denken, sprechen und handeln, so haben Sie dasselbe auch zu tun. So wie Sie sich Ihren Mitmenschen gegenüber einstellen, so werden auch sie sich gegenüber uns verhalten. Wie man in den Wald ruft, so schallt es zurück.

Negative Gedanken und Gefühle Mitmenschen gegenüber verankern sich in unserem Unterbewusstsein und verursachen verschiedene Schwierigkeiten. Sie reduzieren unsere Begeisterungsfähigkeit, Lebenslust, Verständnisbereitschaft und schaden schlussendlich uns selbst am meisten. Schlechte Gefühle schaffen Probleme, gute Gefühle dagegen lösen sie.

Die Art und Weise, wie Sie Ihren Mitmenschen gegenüber denken, fühlen und handeln, trägt zum positiven Verlauf Ihres eigenen Lebens bei.

d) Die Freude am „Geben und Nehmen" ist ein Naturgesetz!

Was immer ich gebe, kommt auf irgendeine Art zu mir zurück. Die Hin- und Herbewegung ist ein physikalisches Naturgesetz und versinnbildlicht, was auch im zwischenmenschlichen Miteinander gilt: eine Aktion ruft immer nach einer Reaktion, diese wiederum nach einer Gegenreaktion usw.

Kleine Geschenke und Aufmerksamkeiten fördern die Freundschaft, grosse schaden auch nicht! Man sagt sogar, dass Geben seliger macht als Nehmen!

Guter Rat ist teuer – solchen Einholen hingegen dienlich.

Gehen Sie auf Ihr Gegenüber zu, seien Sie offen, herzlich, spontan. Zeigen Sie Interesse, Respekt und Aufmerksamkeit.

Als Einstieg in ein Gespräch stellen Sie ein paar vorbereitete Fragen, schildern vielleicht ein Problem oder eine schwierige Situation. Sie fragen nach der Meinung Ihres Gesprächspartners oder bitten gar um Rat.

Jeder Mensch fühlt sich anerkannt und respektiert, wenn man ihm Fragen stellt oder ihn um Rat fragt, und gibt in der Regel bereitwillig Auskunft oder einen Ratschlag zur Lösung des geschilderten Problems.

e) Ruhe einkehren lassen

Ruhephasen zu beachten und von Zeit zu Zeit einzuschalten, fördert das Wohlbefinden, lässt einen Überblick gewinnen, speziell in heiklen Situationen oder Stressphasen. In der Ruhe können Sie

- sich entspannen
- ruhig denken/nachdenken
- sich eine Meinung bilden
- objektiv Entscheidungen treffen
- neue Ideen entwickeln
- Visionen haben und Ziele formulieren
- an sich arbeiten und sich weiterbilden

f) Als KMU-Unternehmer sind Sie:

- ständig bestrebt, Ihr Wissen und Ihre Kenntnisse zu erweitern und Ihre Ziele engagiert zu verfolgen
- stets aufnahme- und lernfähig
- interessiert an neuen Entwicklungen und Modellen
- weitblickend – Sie wählen die Vogelperspektive und nicht die des Frosches
- offen und scheuen sich nicht zuzugeben, dass Sie noch lange nicht alles wissen, was Sie wissen sollten, und sie setzen alles daran, die Wissenslücke zu füllen
- neugierig – Sie stellen Fragen, stellen infrage und stellen sich auf die Zukunft ein

g) Checkliste

- ☐ Was beschäftigt mich mehr, die Vergangenheit oder die Zukunft?
- ☐ Kann ich über unangenehme Menschen hinwegsehen?
- ☐ Behalte ich meine Ziele im Auge?
- ☐ Bin ich ausgeglichen?
- ☐ Hoher Blutdruck, tiefer Blutdruck?
- ☐ Gegenseitiges Geben und Nehmen ohne Abwägung des Gleichgewichts, aber das unangemessene Ungleichgewicht im Auge behalten?
- ☐ Habe ich noch Ideen und Vorschläge?

9. Periodische Themen des Verwaltungsrats

a) *Periodische Themen*

In diesem Kapitel wollen wir uns mit regelmässig wiederkehrenden Themen des Verwaltungsrats auseinandersetzen. Hier, ohne den Anspruch auf Vollständigkeit, einige Beispiele:

- Strategie
- Organisation
- Projektentwicklung
- Führung
- Unternehmenskultur
- Branding
- Finanzen und Controlling
- Technik und Investition
- Marketing und Verkauf
- Rechtsfragen sowie allfällige Koordination der internen und externen juristischen Ressourcen
- Unternehmenskommunikation und Öffentlichkeitsarbeit
- Management Compensation und Beurteilung von obersten Führungskräften

Diese Themen werden immer wieder in unterschiedlicher Form und Kadenz auf den Verwaltungsrat zukommen und sind Bestandteile seiner Zuständigkeitsbereiche.

Solche periodisch wiederkehrende Themen beschäftigen den Verwaltungsrat in jeder Sitzung. Im Gegensatz zu den später zu behandelnden Traktanden wollen wir uns hier die Hauptthemen immer wiederkehrender Diskussionen im Verwaltungsrat anschauen.

Die Strategie und damit die Definition der Strategie ist Kernelement des Verwaltungsrats. Es ist nicht so, dass dies ein schön formuliertes Element ist, sondern tatsächlich Kernelement für das Unternehmen. In der Strategie wird definiert, auf welchen Gebieten sich das Unternehmen entwickeln bzw. weiterentwickeln soll. Wird ein Gebiet als nicht strategisch definiert, gerät es aus dem Fokus der unternehmerischen Tätigkeit. Damit ist klar, dass dort keine weiteren finanziellen Mittel investiert werden. Unter Umständen wird auch entschieden, sich von diesem Unternehmensbereich ganz zu trennen, was einer Desinvestition gleichkommt. Ist der Verwaltungsrat hingegen der Meinung, ein neues Gebiet in den unternehmerischen Fokus aufzunehmen, heisst das, dass hier Kapital investiert wird. Kapital existiert für das Unternehmen nur in beschränktem Masse. Sei es als vorgegebene Eigenkapitalquote, sei es als Schranke der Kapitalisierungsfähigkeit der Eigentümer oder sei es als Kapitalaufnahmebeschränkung durch den Markt. Mit diesem Kapital muss sorgfältig umgegangen werden. Oftmals ist auch eine Rendite des Kapitals gefordert, entweder durch die Eigentümer oder durch die Kapitalgeber des Marktes. Mit solchen Vorgaben ist es unabdingbar, dass der Verwaltungsrat die Strategie definiert und damit entscheidet, welche Unternehmensbereiche aufgenommen und welche fallen gelassen werden. Opportunistisches Verfolgen von unternehmerischen Zielen hat dabei keinen oder nur beschränkten Platz, denn opportunistische Ziele, welche keine angemessene Rendite erwirtschaften, schränken die unternehmerische Handlungsfähigkeit mit dem Ziel einer höheren Rendite ein. Dies sind keine kapitalistischen Parolen, sondern Grundelemente der wirtschaftlichen Tätigkeit eines Unternehmens. Damit verbunden ist auch die Verantwortung des Verwaltungsrats gegenüber allen Mitarbeitern. Der Verwaltungsrat ist es, der mit seiner Strategie dafür sorgt, dass das Unternehmen am Markt erfolgreich handelt und damit für die Arbeitsplätze der Mitarbeiter Sorge tragen kann. Ein Verzetteln der Ziele führt zum Verzehr von Kapital und damit zum Verzehr von Energie, in Form von Geld, Kapital, unternehmerischer Führungskraft, Know-how etc. Bis zu einem gewissen Mass hat dies Platz, sei es, um den einen oder anderen Weg auszuloten. Im richtigen Moment ist jedoch das Remedur zu erklären oder das Beiboot einzuziehen. Der Weg ist das Ziel, aber der Weg kann durchaus hindernisreich sein.

Ein weiteres Kernelement des Verwaltungsrats ist die Definition der Organisation. In der Regel erfolgt dies über die Verabschiedung eines Organisationsreglements. In einem solchen Regiment, das wir später noch für ein KMU vorstellen wollen, werden die wichtigsten Aufgaben, Stellen und Funktionen innerhalb eines Unternehmens beschrieben. Aufgabe des Verwaltungsrats ist es, eine schlanke und effiziente Organisation zu definieren, das heisst klare Abläufe, klare Aufgaben, klares Delegieren, aber auch Kontrolle und Sicherung der Qualität. Aufgabe des Verwaltungsrats ist es, ein ausgewogenes Gleichgewicht zwischen Effizienz und Qualität zu finden, um die Verfolgung der definierten Strategie zu gewährleisten.

Zusammen mit der Strategie und der Organisation taucht zwangsläufig die Frage nach Projekten und nach der Projektentwicklung auf. Dazu gehören die Anträge der Geschäftsleitung zu der Entwicklung von Projekten, zu der Entwicklung der Projektorganisation und zu den dazu benötigten Investitionen, sei es für den Organisationsablauf oder für die Projekte selbst. Solche Anträge sind vom Verwaltungsrat zu prüfen und es ist an ihm zu beurteilen, ob solche Projekte innerhalb der definierten Strategie Platz haben.

Die Führung und damit die Kontrolle über die Geschäftsleitung ist ein permanentes Thema für den Verwaltungsrat. Die Führung selbst unterliegt einer periodischen Erneuerung, sei es durch den Entscheid der Geschäftsleitung selbst oder durch den des Verwaltungsrats. Damit taucht hier die Frage von Arbeitgeber und Arbeitnehmer auf. Für den Verwaltungsrat gilt es zu beachten, dass die Fluktuation innerhalb der Geschäftsleitung nicht über ein gewisses Mass hinausgeht. Mit anderen Worten, die durchschnittliche Fluktuation des Personalkörpers sollte sich nicht überschneiden, aber auch nicht unterschneiden. Zu viel Fluktuation weist auf Probleme hin, zu wenig Fluktuation dagegen auf Sättigung und Nahrungsüberschuss (es ist zu angenehm zu bleiben). Ein gesundes Mittelmass ist gut für das Unternehmen und sollte angestrebt werden.

Mit der Definition, oder besser gesagt mit der Umschreibung der Führung, wobei auch die Kadenz der Personalfluktuation in der Führungsebene festgelegt wird, kommen wir zum nächsten Punkt, zur Unternehmenskultur. Als Unternehmenskultur bezeichnen wir das Leben als eine Form des gegenseitigen Gebens und Nehmens innerhalb des gesamten Personalkörpers eines Unternehmens. Die Unternehmenskultur besagt, wie wir hier leben, wie wir arbeiten, wie wir miteinander umgehen, was ist Unternehmenssprache und welches die Gos und No-Gos sind. Innerhalb des Leitbildes eines Unternehmens kann eine solche Unternehmenskultur definiert werden. Abschliessend kann zu diesem Thema ausgeführt werden, dass Mitarbeiter, welche sich innerhalb eines Unternehmens wohlfühlen, produktiver sind, als solche, die sich nicht mit der Kultur identifizieren können oder gar darunter leiden.

Zusammen mit den letztgenannten Themen spielt auch das Branding eine wichtige Rolle. Mit welchem Brand soll das Unternehmen gegen aussen auftreten, welche Marke sollen die Konsumenten mit dem Unternehmen in Verbindung bringen, welches Label soll Identifikation schaffen? Gewisse Produkte, und mit ihnen ein ganzer Markt, definieren sich allein durch das Branding. Mit anderen Worten, es geht gar nicht darum, ein Produkt oder eine Dienstleistung aufgrund einer bestimmten Besonderheit zu platzieren – in diesem Fall definiert alleine das Label die Strategie des

Unternehmens. Zu solchen Produkten gehören insbesondere Uhren, Parfüms, Luxuslimousinen etc. Das Label verspricht dem Konsumenten neben der Qualität auch einen hohen Identifikationsfaktor.

Weitere Dauerthemen für den Verwaltungsrat sind Finanzen und Controlling. Damit wird der Herzschlag des Unternehmens permanent abgehört. Geklärt wird, wie viel Umsatz generiert wird, wie hoch die Kosten sind, welche Investitionen bevorstehen, wie viel Liquidität zur Verfügung steht, wie sich der Personalbestand entwickelt usw. Wichtige Kennzahlen, regelmässig überprüft, sei es täglich, monatlich oder mit welcher Kadenz auch immer, füttern den Verwaltungsrat mit Informationen und dienen dazu, die Zukunft des Unternehmens zu planen und zu gestalten.

Angegliedert an das Thema Finanzen und Controlling ist der Bereich Technik und Investitionen. Die notwendige Technik zur Verfolgung der unternehmerischen Ziele führt regelmässig zu Investitionsentscheiden des Verwaltungsrats. Dabei muss abgewogen werden, ob genügend Kapital für Investitionen vorhanden ist und ob eine solche Investition die erhoffte Entwicklung des Unternehmens fördert. Es kann durchaus sein, dass vorhandenes Kapital zu knapp für Investitionen ist und im Bereich des operativen Geschäfts, zum Beispiel für den Einkauf, verwendet werden muss. Solche Entscheide sind immerfort sorgfältig abzuwägen und keine leichte Aufgabe für die Entscheidungsträger im Verwaltungsrat.

Zusätzlich zu den bisher beschriebenen Themen kommen aber auch regelmässig Rechtsfragen auf den Verwaltungsrat zu. Dabei sind die Mitglieder des Verwaltungsrats nicht als Juristen gefragt, sondern ihnen werden in der Regel juristische Meinungen vorgetragen und dann ist es an ihnen, unternehmerisch zu entscheiden, welche Richtung bezüglich einer Rechtsmeinung verfolgt werden soll. Soll ein Prozess geführt, ein Vergleich gesucht oder gar nichts unternommen werden? Das sind Entscheide innerhalb eines Rechtsprozesses, welche der Verwaltungsrat treffen muss. Dazu bedarf es nicht einer hohen juristischen Ausbildung, sondern einer breiten Erfahrung. Für solche Entscheide ist der Verwaltungsrat als Gremium gefordert. Meistens finden sich innerhalb eines komplementär zusammengesetzten Verwaltungsrats ein bis drei Juristen. Diese können als Referent bzw. als Korreferent agieren, um im Verwaltungsrat eine Entscheidung herbeizuführen. Dies ist ein komplexer Vorgang. In Gerichts- und anderen Prozessen, welche für ein Unternehmen von entscheidender Bedeutung sind, ist eine solche Urteilsfindung Kernkompetenz des Gremiums. Sind die Voraussetzungen dafür nicht gegeben, besteht die Gefahr, dass sich das Unternehmen in solchen Entwicklungen verliert.

Unternehmenskommunikation und Öffentlichkeitsarbeit sind weitere Themen für den Verwaltungsrat. Ein Unternehmen, welches eine gewisse Bedeutung und damit minimale Marktanteile besitzt, kommt um eine sorgfältige Öffentlichkeitsarbeit nicht umhin. Dadurch werden zwei Ziele verfolgt. Zum einen positioniert sich das Unternehmen im Markt und kann die verabschiedete Strategie nach aussen kommunizieren. Das zweite Ziel liegt darin, dass durch eine gepflegte Öffentlichkeitsarbeit in der Regel unentgeltlich Werbung realisiert werden kann: es wird über das Unternehmen gesprochen, darüber berichtet und diskutiert, und dies ohne ein Inserat. In der Regel entscheidet der Verwaltungsrat, dass die Unternehmenskommunikation an die Geschäftsleitung delegiert ist. Der Verwaltungsratspräsident dient als ergänzender Informationsträger und Ansprechpartner. Die übrigen Verwaltungsratsmitglieder sollten sich in der Regel einer Kommunikation enthalten. Dies dient einer Konzentration der Meinung und der Verlautbarung der Meinung.

Nichtsdestotrotz wird das Thema der Unternehmenskommunikation und Öffentlichkeitsarbeit immer wieder auf das Gremium zukommen, sobald öffentliche Medien berichten und eine öffentliche Meinung besteht. Neben der Reaktion auf Anfragen von aussen bedarf es in diesem Bereich eines proaktiven Vorgehens. Dazu gehört, mit den tragenden Medien regelmässig Informationsgespräche zu führen, damit im Falle eines aktuellen Geschehens die entsprechenden Journalisten auf einen Erfahrungsfundus mit dem Unternehmen zurückgreifen können. Dabei wird es für sie schwieriger, negativ zu berichten, wenn zuvor bereits schon einvernehmlich die Gespräche unter entspannten Verhältnissen stattgefunden haben. Die Kunst der Unternehmenskommunikation liegt darin, eine emotionale Bindung zu schaffen und die positive Wirkung des Unternehmens bei den Medien zu positionieren.

Die Entschädigung für die Arbeitsleistung ist nicht das entscheidende Element eines Anstellungsverhältnisses, aber ein wichtiges, für gewisse Personen gar ein sehr wichtiges. Aus diesem Grund wird der Verwaltungsrat immer wieder mit dem Thema der angemessenen Entschädigung der Geschäftsleitung konfrontiert. Dabei muss er sich einerseits aufgrund seiner eigenen Erfahrung auf einen Beurteilungsfundus abstützen können, andererseits sind vergleichende Studien herbeizuziehen, um zu einem Urteil zu gelangen.

Die Beurteilung der obersten Führungskräfte erschöpft sich natürlich nicht nur in der Salarierung, sondern auch in der eigentlichen Beurteilung ihrer Arbeit. Oft ergibt sich dies im Dialog im Verwaltungsrat mit der Geschäftsleitung bei der Behandlung der Anträge der Geschäftsleitung und der Diskussion. Sinnvoll ist aber auch ein externes Assessment.

b) Checkliste

- ☐ Gibt es eine VR-Jahresplanung?
- ☐ Gibt es eine VR-Mehrjahresplanung?
- ☐ Werden alle Geschäftsbereiche und Sparten periodisch berücksichtigt?
- ☐ Beschäftigt sich der VR auch mit sich selbst?
- ☐ Gibt es eine Kontrolle zu den Themen und Beschlüssen?
- ☐ Sind die Kommunikationswege definiert?
- ☐ Sind die Traktanden durch Unterlagen beurteilbar?

10. ENTSCHÄDIGUNG DES VERWALTUNGSRATS

a) *Entschädigung*

- Anforderungsprofil
- Aufgabenzuteilung
- Zeitbudget
- Honorierung
- Entwicklungsmöglichkeiten

Die Entschädigung des Verwaltungsrats ist ein wichtiges Element bei der Rekrutierung von Führungskräften. Für die Entschädigung sind verschiedene Elemente massgebend. Das Anforderungsprofil ist ein erster Ausgangspunkt. Dieses definiert sich durch die Grösse des Unternehmens und durch die Branche. Es ist üblich, alle Mitglieder des Verwaltungsrats gleich zu entschädigen, wobei für den Präsidenten und für den Vizepräsidenten Zuschläge gezahlt werden können. Bei grösseren Unternehmen bestehen besondere Gremien, welche sich der Aufgabe einer angemessenen Entschädigung widmen. Es ist üblich, den Betrag der Gesamtentschädigung für den Verwaltungsrat im Geschäftsabschluss anzugeben. Hohe Vergütungen sind immer wieder Anlass zu Kritik in den Medien.

Bei börsenkotierten Gesellschaften ist die Frage der Entschädigung professionell geregelt. Bei den zahlreichen mittelständischen Unternehmen und den noch zahlreicheren kleinen Unternehmen ist die Frage der Entschädigung des Verwaltungsrats allerdings ein nur selten öffentlich diskutiertes Thema. Sofern sich der Verwaltungsrat, wie in vielen Familienunternehmen, aus den Eigentümern zusammensetzt, ist die Frage der Entschädigung minoritär. Dann kommt noch der steuerliche Aspekt: Anstelle von Dividende Honorar, anstelle von Honorar Dividende. In diesem Bereich ist eine Steueranalyse gefordert. Durch die eine oder andere Auszahlungsform lassen sich wesentliche Steuerabgaben sparen.

Im Bereiche der kleineren Gesellschaften kann generell gesagt werden, dass die Entschädigung für den Verwaltungsrat eher moderat ist. Teilweise werden hier die eingegangenen Verpflichtungen und Verantwortlichkeiten nur ungenügend entschädigt. Im Fall eines unternehmerischen Krisenszenarios kann es sein, dass eine jahrelange Aufbauarbeit vernichtet wird und die finanziellen Verantwortlichkeiten noch zusätzlich eine bescheidene Honorierung belasten.

b) Checkliste

- ☐ Gibt es ein Entschädigungsreglement?
- ☐ Ist die Entschädigung angemessen?
- ☐ Gibt es Vergleichszahlen für das Kompensationsmodell des Verwaltungsrats?
- ☐ Besteht eine Publikationspflicht für die Entschädigung der Mitglieder des Verwaltungsrats und der Geschäftsleitung?

11. Der Verwaltungsrat als Kommunikator

a) *Was macht eine gute Kommunikation aus?*

- Kommunikation spielt sich zu 55 Prozent über Körpersprache ab (Haltung, Gestik, Augenkontakt)
- zu 30 Prozent über die Stimmlage
- zu 15 Prozent auf der inhaltlichen Ebene (Worte)

Der Verwaltungsrat muss ein guter Kommunikator sein. Das heisst, er muss nicht nur rasch erkennen können, welche Informationen auf ihn zukommen, sondern auch in der Lage sein, Informationen an einen Empfänger zu übermitteln. Dabei spielt nicht nur die verbale Kommunikation eine Rolle, sondern auch die nonverbale. Dazu gehören Körpersprache, Stimmlage, Körperhaltung, Physiognomie, soziales Umfeld etc. Es geht darum, die Menschen umfassend zu erkennen und daraus Informationen empfangen und ableiten zu können und diese zu übermitteln.

Während eines Gesprächs gibt es einige Punkte, die zu beachten sind:

- Aktiv zuhören
- Respekt
- Gefühle zeigen
- Wortwahl
- Meinung
- Klarheit
- Kritik

Ich zeige durch Augenkontakt, Nicken oder kurze Kommentare mein Interesse am Gespräch. Auch drücke ich meine Gefühle und Reaktionen über die Körpersprache, meine Gestik und Mimik aus.

Ich nehme mein Gegenüber ernst. Dabei respektiere ich jede Meinung als freie Meinungsäusserung, ohne dass ich diese teilen muss.

Ich spreche meine Gefühle aus und kennzeichne sie als die meinen, ohne diese zu werten. Ich sage: „Das macht mir Mühe!" und nicht: „Das ist mühsam und schwer zu verstehen."

Ich achte darauf, dass meine Worte niemanden verletzen können. Wenn es dennoch passiert, entschuldige ich mich für die falsche Wortwahl.

Ich stehe zu meiner Meinung und deklariere diese auch entsprechend. Ich sage: „Ich finde, dass es so ist."

Ich vermeide abschwächende Worte wie: eigentlich, würde, möchte, hätte usw. Ich sage: „Ich denke, es ist so“ und nicht: „Ich würde eigentlich sagen, dass es so sein könnte.“

Bevor ich Kritik äussere, überlege ich, ob der Grund für meine negative Haltung mit Neid, Missgunst oder Angst meinerseits zu tun hat.

Ich frage mein Gegenüber regelmässig nach Unklarheiten und stelle Fragen, die noch offen sind, um sicherzustellen, dass alles richtig verstanden wurde.

b) Der Schlüssel zum erfolgreichen Gespräch

In diesem Kapitel widmen wir uns der Vorbereitung eines Gesprächs. Dabei orientieren wir uns am Telefongespräch, wobei die nachfolgenden Ausführungen sinngemäss für das persönliche Gespräch dienen. Im Zuge der Expansion des E-Mail-Verkehrs hat das persönliche Gespräch deutlich an Bedeutung verloren. Ein wesentlicher Teil der Kommunikation hat sich auf E-Mails reduziert, dessen Vorteile unschlagbar sind. Der Absender ist frei im Zeitpunkt und der Empfänger ist frei im Zeitpunkt der Antwort. Es bedarf mit anderen Worten keines gemeinsamen Augenblicks; ein phantastischer Vorteil. Nichtsdestotrotz kommt der persönlichen Kommunikation nach wie vor eine wesentliche Bedeutung zu. Kaum ein bedeutendes Geschäft beginnt ohne persönliches Kennenlernen. Die nachfolgenden Ausführungen beziehen sich auf ein Telefongespräch, gelten aber sinngemäss für persönliche Gespräche, für E-Mails, SMS, Viber, Skype etc. Gerade Skype ist ein Revival des persönlichen Gesprächs, ohne physische Präsenz. Letztendlich ist das Gespräch immer noch der Beweis von Kompetenz und deshalb trotz modernster IT unerlässlich.

aa) Vor dem Gespräch

Es gibt fünf Phasen eines Gesprächs, für die eine Vorbereitung sinnvoll ist und die vor dem Gespräch notiert werden können:

- Definition Ihres Zieles
- Definition eines guten Gesprächsanfangs
- Definition Ihrer Argumente, allfälliger Einwände und deren Überwindung
- Definition Ihrer Fragen
- Bestätigung und Dank

Wählen Sie für jeden Anruf die beste Zeit, zum Beispiel Freitag- oder Montagmorgen, kurz vor 9 Uhr vormittags, drei Tage nach Versand eines Briefes etc.

Entspannen Sie sich vor oder zwischen den Anrufen, indem Sie aufstehen, tief und ruhig atmen, herumgehen und an etwas anderes denken.

Vermeiden Sie zu viele Anrufe hintereinander, beginnen Sie mit einem einfachen Telefongespräch.

Bereiten Sie die nötigen Unterlagen wie Dossier, Notizen, Kalender, Agenda, Notizblock oder Schreibgerät vor.

bb) Während des Gesprächs

Achten Sie auf Ihre Körperhaltung. Sie sollten eine entspannte, aber aktive Haltung haben: entspannter Magen, Schultern nach unten, Kopf gerade, fest auf dem Stuhl sitzend.

Lächeln Sie, Ihre Stimme wird wärmer und angenehmer sein.

Geschwindigkeit: reden Sie langsamer, um sicher zu sein, dass Ihre Idee verstanden wurde, bevor Sie zur nächsten übergehen.

Aussprache: sprechen Sie deutlich. Das Telefon schluckt oder verändert gewisse Laute.

Betonung: modulieren Sie Ihre Stimme und betonen Sie wichtige Wörter.

Klarheit: wählen Sie einfache und präzise Worte, um die Verständlichkeit zu verbessern, da Gesten und nonverbale Zeichen fehlen.

Zustimmung: stellen Sie Ihre Fragen so, dass die zu erwartenden Antworten positiv ausfallen. Dies wird leichter zu einem „ja" führen, wenn Sie sich um einen Termin bemühen.

Aktives Zuhören: unterbrechen Sie nicht, aber lassen Sie Ihren Gesprächspartner wissen, dass Sie zuhören, indem Sie ab und zu sagen: „Ja, ich verstehe, aha, ok".

Wiederholung: wiederholen Sie kurz die Ausführungen Ihres Gesprächspartners, um zu zeigen, dass Sie ihn richtig verstanden haben. Dies signalisiert ihm, weiterzusprechen.

Visualisierung: beschreiben Sie, was Sie machen: „Ich nehme gerade meine Agenda und notiere...“, sodass Sie Ihrem Gesprächspartner präsent sind, obwohl er Sie nicht sehen kann.

Zeitaufwand: seien Sie kurz und präzis. Am Telefon erscheint die Zeit länger und Sie könnten den Gesprächspartner stören. Erinnern Sie sich an das Ziel Ihres Anrufes, zum Beispiel einen Gesprächstermin zu erhalten.

Inhalt des Gesprächs: Es ist wichtig, daran zu denken, dass das einzige Kommunikationsvehikel Ihre Stimme ist, d.h. Ihre Worte. Sie müssen deshalb Wörter und Sätze sorgfältig auswählen.

cc) Ein erfolgreicher Telefonkontakt besteht aus

- Der persönlichen Vorstellung: Erklären Sie, wer Sie sind und was Sie wünschen
- Einer ersten Bemerkung der „Auflockerung“
- Der Ausführung des Grunds für Ihren Anruf und dem Wecken des Interesses
- Einer Bestätigung und dem Dank für die gespendete Zeit
- Möglicherweise einem Bestätigungs- und Dankesbrief

dd) Bereiten Sie eine gute Gesprächseröffnung vor

Die ersten 10–15 Sekunden werden den Rest Ihres Gesprächs bestimmen. Ihr erster Satz bestimmt Ihr Image (Ihr stimmliches Image), welches das Interesse Ihres Gesprächspartners entweder weckt oder es erlahmen lässt. Seien Sie kurz und präzis. Sagen Sie nicht: „Ich wollte fragen, ob...“, sondern: „Ich rufe Sie an, weil...“ Der Anfang eines Gesprächs ist wirkungsvoller, wenn Sie sich auf einen gemeinsamen Bekannten beziehen können, der sie empfohlen hat und Sie den Grund für die Empfehlung geben können. Ein „kalter“ Anruf ohne Empfehlung ist schwieriger.

Wenn Sie einen Brief geschrieben haben, wiederholen Sie telefonisch die wichtigsten Informationen und das weitere Vorgehen nach zwei bis drei Tagen im Anschluss an den Brief. Hierbei ist eine Gesprächseröffnung mit drei Fragen empfehlenswert:

Erste Frage: „Haben Sie meinen Brief erhalten?“ Wenn die Antwort negativ ist, fragen Sie den Gesprächspartner, ob er kurz Zeit hätte, und fassen Sie den Inhalt Ihres Briefes (den er wahrscheinlich doch erhalten hat) kurz zusammen.

Zweite Frage: „Ist der Inhalt meines Schreibens verständlich?“ Wenn die Antwort negativ ist, finden Sie heraus, was unklar ist und erklären Sie es in anderen Worten.

Dritte Frage: „Hätten Sie nächste Woche 15 Minuten Zeit für mich?“ Wenn die Antwort negativ ist, sagen Sie: „Ich weiss, dass Ihre Zeit kostbar ist; wäre es die Woche darauf möglich?“ Falls die Antwort wieder negativ ist, bitten Sie Ihr Gegenüber um einen Vorschlag für einen kurzen Termin, falls erwünscht auch in einer Randzeit; stellen Sie dann die Fragen, die Sie im persönlichen Interview stellen möchten. Auf diese Weise gelingt es Ihnen vielleicht, wirkliches Interesse zu wecken.

Bevor Sie das Gespräch beenden, bestätigen Sie den nächsten Schritt, zum Beispiel Datum, Zeit und Ort Ihrer Verabredung. Sie bedanken sich mit der Erwähnung, dass Sie sich auf das Gespräch freuen.

Zeigen Sie sich nie irritiert oder ungehalten über eine unangenehme oder ablehnende Reaktion, sondern bleiben Sie höflich.

Bedenken Sie, dass es Leute geben wird, die nicht mit Ihnen sprechen wollen, auch wenn Ihr Verhalten am Telefon noch so korrekt ist.

Nach dem Gespräch notieren Sie Datum und Resultat des Gesprächs. Planen Sie ein Follow-up für jeden Anruf.

c) Checkliste

- ☐ Grüsse ich freundlich und werde ich freundlich gegrüsst?
- ☐ Bedanke ich mich für kleine Aufmerksamkeiten?
- ☐ Bin ich pünktlich und halte ich alle Termine ein?
- ☐ Habe ich Übersicht über meine Kommunikation?
- ☐ Habe ich ein Feedback über meine Kommunikation?
- ☐ Bin ich in der Lage, ad hoc eine Rede über 15 Minuten zu halten?
- ☐ Wie könnte ich dem aggressiven Redefluss von Roger Schawinski positiv begegnen?
- ☐ Bin ich in der Lage, mit mir selbst zu einem bevorstehenden schwierigen Kontakt ein konfrontatives Selbstgespräch zu führen?
- ☐ Bereite ich mich auf meine Gespräche vor?
- ☐ Wie reagiere ich auf unangemeldete Provokation?
- ☐ Und wie auf voraussehbare?
- ☐ Kann ich auch einmal auf die Zähne beissen und der Sache wegen Unangemessenes über mich ergehen lassen?

12. Sozialkompetenz

a) Allgemeines

- Den Menschen respektieren
- Fairplay zeigen
- Eine positive Haltung gegenüber anderen (auch gegenüber Andersdenkenden)
- Empathie, d.h. Einfühlungsvermögen
- Sicheres Auftreten
- Loyalität gegenüber Arbeitnehmern und Konkurrenz
- Netzwerke pflegen, überprüfen, adaptieren

Respekt ist eine innere Einstellung seinen Mitmenschen gegenüber. Sich gegenseitig zu respektieren, heisst, einander zu achten und andere so anzunehmen, wie sie sind. Jemanden zu respektieren heisst nicht, dass man ihn persönlich mögen muss, dass man gleicher Meinung sein muss oder dass man das, was der andere macht, selber gut finden muss, sondern dass man akzeptiert, dass die Sichtweise des Gegenübers aus dessen Perspektive eine andere sein kann als die eigene. Einstellungen entstehen ja immer aus Erfahrungen, und da jeder von uns eine andere Vergangenheit und somit auch andere Erfahrungen hat, können die Sichtweisen dementsprechend grundverschieden sein. Wenn man sich gegenseitig respektiert, ist dies kein Problem, sondern kann es im Gegenteil interessant sein, die Meinung des Gegenübers in die eigenen Überlegungen mit einzubeziehen. Wichtig erscheint dabei das Bewusstsein, dass Respekt (oder eben das Gegenteil: Respektlosigkeit) nicht einfach nur eine Form von Höflichkeit bzw. Unhöflichkeit ist, sondern auch immer eine positive (oder negative) Wirkung hat. Gegenseitiger Respekt schafft ein angenehmes Klima und der Umgang untereinander ist entspannter. Dies motiviert und lässt gute Diskussionen auch bei verschiedenen Meinungen zu. Es entstehen Lösungen und Fortschritt ohne Machtkämpfe und ohne Sieger oder Verlierer. Respektlosigkeit hingegen erzeugt beim Gegenüber automatisch Widerstand und es entstehen Spannungen, welche die Freisetzung positiver Energie verhindern. Meistens beruht Respektlosigkeit auf Egoismus. Aber auch Neid, Unzufriedenheit mit sich selbst und eigene Schwäche können im schlimmsten Fall dazu führen, dass eine Person den Entzug von Respekt bewusst einsetzt, um sein Gegenüber zu verunsichern und zu schwächen, mit der Absicht, sich selbst dadurch wieder stärker zu fühlen. Gegenseitiger Respekt fragt nie, wer hat Recht, sondern stets, was ist recht.

Worte besitzen Macht. Deshalb ist es wichtig, darauf zu achten, was man sagt, und zu schauen, ob man auch wirklich das sagt, was man meint. Zuerst denken, dann reden. Neun von zehn Menschen erinnern sich nicht mehr an das, was sie 60 Sekunden zuvor gesagt haben.

b) Die Worte JA und NEIN

Ein klares Ja und ein klares Nein sind wichtig.

Oft sagen Menschen „vielleicht" oder „ja", obwohl sie eigentlich „nein" meinen. Allerdings gibt es hier kulturelle Unterschiede: Ein klares Nein ist nur in der Schweiz, West- und Nordeuropa wichtig! Anderswo kann dies als unhöflich verstanden werden.

Aber, um es frei nach Konrad Lorenz zu sagen: Gesagt ist nicht gehört, gehört ist nicht verstanden, verstanden ist nicht einverstanden, einverstanden ist nicht getan, getan ist nicht beibehalten.

c) Die fünf Freiheiten

Die Freiheit, das zu sehen und zu hören, was im Moment wirklich da ist, statt das, was sein sollte, gewesen ist oder erst sein wird.

Die Freiheit, mit Takt das auszusprechen, was ich wirklich fühle und denke, und nicht das, was von mir erwartet wird.

Die Freiheit, zu meinen Gefühlen zu stehen, und nicht etwas anderes vorzutäuschen.

Die Freiheit, um das zu bitten, was ich will, statt immer erst auf grünes Licht zu warten.

Die Freiheit, in eigener Verantwortung Risiken einzugehen, statt auf Nummer sicher zu gehen und nichts Neues zu wagen.

d) Wahrheiten

Der Wechsel allein ist das Beständige. Gewohnheiten machen alt, jung bleibt man durch Veränderung.

Sicherheit liegt nur in der Vergangenheit, die Zukunft ist voller Risiken, und wer sie meidet, geht das grösste Risiko ein.

e) *Wie man seine Ausstrahlung (Sympathie) erhöht*

Sympathie und Antipathie entwickeln sich in den ersten Sekunden einer Begegnung und haben nicht unbedingt viel mit der vor uns stehenden Person zu tun. Denn im Gehirn werden unbewusst emotional markierte Vorerfahrungen abgerufen. Der direkte, offene Augenkontakt schafft eine positive Gesinnung und wirkt wertschätzend. Das echte Lächeln wirkt von allen emotionalen Signalen am meisten ansteckend. Wie ein Echo kommt es zurück. Es baut Hemmschwellen ab und lässt Vertrauen entstehen. „Strahlende" Menschen haben es leichter im Leben, denn sie verschenken Lebensfreude und damit Glückshormone.

f) *Hände*

Der ideale Händedruck ist nicht zu fest, sondern so, dass sich beide Handflächen angenehm berühren. Bei Gesprächen im Sitzen sind die Hände am besten auf dem Tisch, im Stehen auf Gürtelhöhe und nicht in der Hosentasche.

g) *Das erste Wort*

Beim ersten ausgesprochenen Wort (Grussformel und Name des Ansprechpartners) geht es vor allem um eins: eine angenehme, freundliche Tonlage. Die Stimme ist verantwortlich für die Stimmung, die sie verbreitet: klingt sie fest und zuversichtlich? Zeugt sie von guter Laune und einer aufmerksam-wertschätzenden Gesinnung?

h) *Checkliste*

- ☐ Habe ich schon einmal den „Knigge" gelesen?
- ☐ Kann ich zwischen Förmlichkeit und Herzlichkeit unterscheiden, ohne das eine oder andere auszuschliessen?
- ☐ Bin ich pünktlich und halte ich alle Termine ein?
- ☐ Habe ich Übersicht über meine Kommunikation?

IV. Aufgaben des Verwaltungsrats

1. Oberleitung

Dem Verwaltungsrat unterliegt die Oberleitung des Unternehmens. Dazu gehören

- die Festlegung der Unternehmensziele
- die Festlegung der Unternehmensstrategie
- die Kontrolle der Geschäftsführung

Die Festlegung der Oberleitung der Gesellschaft impliziert die Einrichtung eines umfassenden Funktionsgefüges. Wir haben uns schon an früherer Stelle mit diesem Thema befasst. Hier sollen die Kernelemente der Oberleitung noch einmal in Stichworten wiedergegeben werden. Dazu gehören u.a.:

- die Ernennung der Geschäftsleitung
- die Definition des Rekrutierungsprozesses
- die Beobachtung der Entwicklung der Geschäftsleitung
- die Besorgung der notwendigen Ersatzpersonen
- die weitere Definition der gesamten Struktur des Betriebes
- die Gliederungen des Unternehmens in Abteilungen/Divisionen
- die Definition der Unternehmenshierarchien
- die Implementierung von Kontrollmechanismen: die interne Kontrolle
- das interne Kontrollsystem
- die interne Revision
- die Zusammenarbeit von interner Kontrolle und interner Revision
- die Zusammenarbeit mit externer Revisionsstelle
- die Definition der Compliance
- die Ausarbeitung eines längerfristigen Investitionsplanes
- das finanzielle Reporting
- die Definition der periodischen Finanzzahlen
- die Definition und Überwachung des Reportings
- die kurzfristigen und langfristigen Finanzzahlen
- die Cashsituation
- die Personalsituation und die Personalfluktuation

Im Verwaltungsrat konzentrieren sich die Stränge des Unternehmens und diese müssen so definiert werden, dass sie für einen geordneten Prozess garantieren. Dies ist die Aufgabe des Verwaltungsrats.

a) Organisation

- Festlegung Struktur der Prozesse
- Regelung der Aufgaben und Kompetenzen

Organigramm: Wer erledigt welche Aufgaben und wie werden Aufgaben und Verantwortlichkeiten voneinander abgegrenzt?

Die Festlegung der Organisation wird in der Regel durch einen Organisationsreglement definiert. Dieses regelt Aufgaben, Prozesse, Kompetenzen und Verantwortlichkeiten.

Die Anforderungen der Definition der Organisation sind im Wesentlichen durch das Unternehmen bestimmt. Seine Leistung, seine Grösse und seine Positionierung im Markt bestimmen das Anforderungsprofil. Je grösser das Unternehmen ist, desto grösser sind auch die Anforderungen an ein klar strukturiertes Unternehmen. Eine einfache Richtgrösse kann darin liegen, dass pro Mitarbeiter eine Seite im Organisationsreglement bestehen sollte.

b) Die Aufgaben der Geschäftsleitung

Der Verwaltungsrat legt in einem schriftlichen Dokument den Leistungsauftrag an die Geschäftsleitung fest. Mit diesem Dokument wird der klar definierte Auftrag an die Geschäftsleitung formuliert. In der Regel ist ein solcher Leistungsauftrag das Resultat eines Prozesses der Diskussion zwischen Verwaltungsrat und Geschäftsleitung. Der Verwaltungsrat drückt die Erwartungshaltung gegenüber der Geschäftsleitung aus, die Geschäftsleitung reagiert auf der anderen Seite gegenüber dem Verwaltungsrat und formuliert ihrerseits das Machbare. Damit wird das Ziel des Moments definiert – ein Leistungsauftrag ist ein fortwährender Prozess und nicht ein abschliessendes Ziel. Auch hier gilt: der Weg ist das Ziel.

Ein solcher Leistungsauftrag setzt sich in der Regel wie folgt zusammen:

- Allgemeines
- Grundlagen
- Die Grundlagen für den Leistungsauftrag sind:

- Statuten der Gesellschaft
- Arbeitsverträge der Mitglieder der Geschäftsleitung
- Stellenbeschreibung

c) Leistungsauftrag (als Muster und beschreibend)

Es folgen nachfolgend Formulierungen als Muster eines Reglements und auch Aufzählungen und Stichworte; ein Mix.

aa) Hauptaufgabe

Die Geschäftsleitung leitet gemeinsam die gesamte Geschäftstätigkeit des Unternehmens, vertritt es nach innen und aussen und trägt Finanz- und Ergebnisverantwortung. Die Hauptaufgabe der Geschäftsleitung besteht in den Bereichen der Versicherungsdienstleistung und Administration, wobei sie dort die ihr jeweils zugeteilten Bereiche führt.

bb) Finanzbefugnisse

Die Geschäftsleitung verfügt über die im Rahmen des Budgets zur Verfügung gestellten Mittel und legt Investitionen ab CHF 50 000 stets dem Verwaltungsrat zur Genehmigung vor.

Finanzbefugnisse ausserhalb des Budgets: im Einzelfall bis CHF 10 000 gesamthaft jährlich bis höchstens CHF 100 000. Jährlich wiederkehrende Ausgaben ausserhalb des Budgets werden immer dem Verwaltungsrat vorgelegt.

cc) Unterschriftenregelung

Einzelunterschrift für die gesamte Geschäftstätigkeit im Rahmen dieses Leistungsauftrags und innerhalb des Budgets, mit Ausnahme von Kauf und Miete von Liegenschaften und Bankverkehr.

Kollektive Zeichnungsberechtigung zusammen mit einem Verwaltungsratsmitglied für den Zahlungsverkehr.

dd) Gesundheitsschutz

Die Geschäftsleitung berät Arbeitgeber und Linienvorgesetzte, wie die gesetzlichen Vorgaben bezüglich Arbeitszeiten eingehalten und bei der

Gestaltung der Arbeitsplätze ergonomische Grundsätze berücksichtigt werden können.

ee) Kontrolle, Audit

Die Geschäftsleitung führt eine Unfall- und Absenzstatistik (Absenzmanagement) und informiert Arbeitgeber und Linienvorgesetzte periodisch über die Ereignisse.

ff) Führungsaufgaben

Die Geschäftsleitung stellt sicher, dass die ihr unterstellten Mitarbeiterinnen und Mitarbeiter den in der Stellenbeschreibung (Tätigkeits- und Anforderungsprofile) formulierten Anforderungen gerecht werden.

Sie stellt sicher, dass die ihr unterstellten Mitarbeiterinnen und Mitarbeiter ihre Fähigkeiten im Rahmen der Aufgabe, der Arbeitsplatzerfordernisse, des Budgets und ihrer Persönlichkeit entwickeln können.

Übernahme der Verantwortung für die fachliche und persönliche Weiterbildung des Personals.

Sie sorgt für ein Arbeitsklima, das geprägt ist durch Offenheit, Transparenz und gegenseitiges Vertrauen.

gg) Leistungsbeschreibung zur Sicherstellung der Ressourcen

- Ressourcen zur Sicherstellung des operativen Geschäfts.
- Ist für die Einhaltung des Budgets und das Ergebnis direkt verantwortlich.
- Erstellt termingerecht die Budgets gemäss den Vorgaben des Verwaltungsrats.
- Stellt ein effizientes Rechnungswesen gemäss den Vorgaben des Verwaltungsrats sicher.
- Stellt die Liquidität sicher.
- Gewährleistet die termingerechten Ertragspositionen.
- Stellt eine fachkompetente Administration sicher.

hh) Infrastruktur

- Stellt für den Betrieb eine angemessene Infrastruktur gemäss den Vorgaben des Verwaltungsrats sicher.

- Unterbreitet dem Verwaltungsrat Anträge für Investitionen und deren Finanzierung.
- Sorgt für deren Unterhalt und die Betriebssicherheit.

ii) Leistungsbeschreibung für das Marketing

- Ziele und Vorgaben für das Marketing
- Definition der Marketing-Philosophie

Verankert bei den Mitarbeiterinnen und Mitarbeitern eine Denkhaltung, welche sich nach aussen orientiert und welche Lehrlinge, aber auch Kundinnen und Kunden, bzw. deren Bedürfnisse, Ansprüche und Erwartungen umfassend in das eigene Handeln einbezieht bzw. sich konsequent an diesen orientiert.

Betreibt Eigenmarketing zur Positionierung des Unternehmens, zum Beispiel durch die Schaffung einer Corporate Identity (CI), zur Beschaffung von Ressourcen sowie zur Gewinnung von neuen Kunden und genereller Unterstützung im weiteren Umfeld (Behörden, Medien, Öffentlichkeit).

Setzt Marketinginstrumente wie Befragungen über die Kundenzufriedenheit und Öffentlichkeitsarbeit professionell ein und pflegt die wichtigen Kundenkontakte

jj) Reporting und Controlling zuhanden des Verwaltungsrats

- Ist für den Finanzbericht verantwortlich.
- Erstellt ein quartalsmässiges Finanz-Controlling (Soll/Ist-Vergleich prospektiv bis Ende Geschäftsjahr).
- Deklariert darin erfolgte und prognostizierte Budgetabweichungen.

kk) Tätigkeitsbericht

Der Tätigkeitsbericht ist ein jeweils per 31. Januar und 31. Juli erstellter und innerhalb eines Monats eintreffender Bericht, welcher Auskunft gibt über:

- Beanstandungen bezüglich Qualität, Termine oder Ähnliches
- Personelles, besondere Aktivitäten und Ereignisse

ll) Zielerreichung und Massnahmen

Die Geschäftsleitung beurteilt die Zielerreichung zuhanden des Vorstands, zeigt Abweichungen auf und schlägt Massnahmen vor.

Der Leistungsauftrag an die Geschäftsleitung wird nach Ablauf eines Geschäftsjahres durch den Verwaltungsrat überprüft.

d) Checkliste

- ☐ Existiert ein Organisationsreglement?
- ☐ Besteht ein personelles Organigramm?
- ☐ Sind die Sparten, Linien und Geschäftsbereiche bestimmt?
- ☐ Wurde ein Leistungsauftrag formuliert?
- ☐ Bestehen Kontrollmechanismen bezüglich Qualität, Menge und Zeit?
- ☐ Ist das Rechnungswesen à Jour? Daily Cash?
- ☐ Wurde ein Budget erstellt? Budgetkontrolle?
- ☐ Personalbestand, Personalbudget, Weiterbildung, Fluktuation, durchschnittliches Dienstalter?

2. Der nicht exekutive Verwaltungsrat

In diesem Kapitel werden die Aufgaben beschrieben, die dem nicht exekutiven Verwaltungsrat zukommen. Damit wird zum Ausdruck gebracht, dass der Verwaltungsrat und die Geschäftsleitung nicht identisch sind. Hierfür bedarf es in der Regel einer gewissen Grösse des Unternehmens. In vielen KMU ist der Verwaltungsrat mit der Geschäftsleitung identisch. Eine Trennung erfolgt, je nach Branche, in der Regel ab einer Grössenordnung von 100–300 Mitarbeitenden.

a) Ernennung der Geschäftsleitung

- Geschäftsleitung
- Zeichnungsberechtigte
- Abberufung der eingesetzten Personen

Die Aufgaben der Oberleitung wurden bereits beschrieben, so auch eines der wesentlichen Elemente: die Ernennung der Geschäftsleitung. Das beinhaltet die personelle Besetzung des obersten exekutiven Führungsgremiums, darin eingeschlossen die Anzahl der Führungspersonen. In der Regel ist dies kohärent zum Aufbau des Unternehmens. Damit verbunden ist auch die Festlegung der Zeichnungsberechtigung. Hier hat sich die Kollektivunterschrift zweier Personen als Grundsatz durchgesetzt. Mit der Ernennung der Geschäftsleitung ist selbstredend die Abberufung der Geschäftsleitung oder einzelner Personen verbunden.

b) Buchhaltung und Finanzen

- Buchhaltung
- Finanzkontrolle
- Finanzplanung
- Banken und Geld

Die Buchhaltung und die Finanzen sind unabdingbar mit der Führung verbunden. Nur durch die Kenntnis aussagekräftiger und regelmässig vorgelegter Zahlen lässt sich ein Unternehmen führen. Ein finanzieller Blindflug endet in aller Regel mit einer Bruchlandung. Deshalb sind die Verantwortlichkeiten der Finanzabteilung festzulegen und die Informationsbedürfnisse des Verwaltungsrats zu definieren. Dies sollte dabei nicht ein einseitiger Prozess sein, sondern ein Dialog. Auf der einen Seite hat der Verwaltungsrat seine Wünsche zu formulieren, auf der anderen Seite muss die Geschäftsleitung Vorschläge unterbreiten, welche Informationen sie liefern kann und welche Informationen sie als Ergebnis des unternehmerischen Prozesses für sinnvoll erachtet. Selbstverständlich ist die Festlegung eines solchen Informationspaketes immer nur das Ergebnis einer aktuellen Situation, welche sich im Rahmen der Entwicklung des Unternehmens und des Marktes verändern kann.

c) Überwachung und Kontrolle

- Überwachung
- Kontrolle
- Einhaltung der Gesetze
- Einhaltung von Weisungen

Zur Oberleitung gehört die Überwachung und die Kontrolle, welche zwangsläufig mit der Festlegung der unternehmerischen Prozesse verbunden sein muss. Es geht nicht an, nur zu definieren ohne zugleich die Kontrolle festzulegen.

aa) Finanzen

Welche wichtigen Informationen und Listen ein Verwaltungsratspräsident benötigt, soll hier als Beispiel für die Finanzzahlen beschrieben werden:

- Finanzzahlen
- Cashflow
- Bilanz und Erfolgsrechnung
- Kostenrechnung: wie hoch sind die Kosten der einzelnen Projekte und welcher Ertrag steht dagegen, wie sieht die Rendite aus?
- Budget: wurde das Budget eingehalten und wenn nein, weshalb nicht?
- Liquiditätsplan und -status
- Debitorenumschlag und Zahlungsmoral der Kunden
- Mahnwesen und Betreibungen
- Anzahlungen von Kunden: eine Aufstellung der Gesamtrechnung mit den durch den Kunden bereits bezahlten Teilbeträgen und noch offenen Beträgen
- Vorauszahlungen von Kunden mit einer Aufstellung noch zu erbringender Leistung

bb) Arbeitsplanung

- Welche Projekte sind zurzeit aktuell
- Welche Projekte sind in Planung
- Liste der offenen Arbeiten
- Liste der bereits abgerechneten Arbeiten
- Einsatzplan der Mitarbeitenden
- Mitarbeiterzufriedenheit

cc) Mitarbeiterinnen und Mitarbeiter

- Altersstruktur
- Fluktuation
- Benchmark
- Durchschnittliches Dienstalter
- Fähigkeiten und Bereitschaft

Personalinformationen: Alter, Dienstjahre, Qualifikationen, Lohn etc. Beispiel: Peter Meier, 45 Jahre, Dienstjahre 9, KV-Abschluss, Lohn CHF 7 000.00 (Empfehlung vom Verband zwischen CHF 6 500.00 und CHF 8 000.00)

dd) Marktentwicklung

- Konkurrenz
- Preise
- Regulierungen

ee) Strategien

- Ziele
- Umsetzung der Ziele im Verwaltungsrat und in der Geschäftsleitung
- Risiko
- Warnsignale

d) Checkliste

- ☐ Habe ich als nicht exekutiver VR einen Überblick über das Unternehmen?
- ☐ Bin ich integriert oder diene ich der VR-Etikette?
- ☐ Nehme ich periodisch an den VR-Entscheiden teil?
- ☐ Erbringe ich einen Mehrwert für das Unternehmen?

3. Formalitäten und Notwendiges

An dieser Stelle sollen die absolut notwendigen Formalitäten beschrieben werden. Immer wieder werden selbst minimale formale Vorgaben nicht erfüllt. Dabei geht es nicht darum, irgendwelche Ordner mit Papier zu füllen, sondern ganz einfach den gesetzlichen Erfordernissen einer ordentlichen Administration gerecht zu werden. In Krisensituationen, wie zum Beispiel dem Konkurs, kommt solchen Vorgaben eine wichtige Funktion zu. Sie können die Haftung des Verwaltungsrats reduzieren oder eliminieren.

a) Geschäftsberichte, Generalversammlung, Verwaltungsratssitzungen

Unabdingbar ist die formale Erstellung der notwendigen Dokumente, wie:

- Geschäftsbericht
- Jahresbericht
- Jahresrechnung (Bilanz, Erfolgsrechnung und Anhang)
- Generalversammlung
- Verwaltungsratssitzungen

Der jährliche Geschäftsbericht zusammen mit der finanziellen Rechnungslegung und den notwendigen Formalitäten einer ordentlichen Generalversammlung bilden das absolut notwendige Muss. Dazu gehören auch die Protokolle.

b) Finanzkontrolle

- Finanzkontrolle
- Liquidität
- Finanznot, Konkurs

Neben den jährlichen Akten, welche das Ergebnis des Unternehmensprozesses dokumentieren, bedarf es periodischer Dokumente während des Jahres, welche die Überwachung des Unternehmens durch den Verwaltungsrat dokumentieren. Dabei geht es nicht nur um eine reine Aktenpflege. Vielmehr soll durch die Dokumentation und durch entsprechende Beschlüsse des Verwaltungsrats aufgezeigt werden, dass sich der Verwaltungsrat periodisch über die finanzielle Situation des Unternehmens orientiert hat. Der Monatsbericht, Quartalsbericht oder Halbjahresbericht bilden die entsprechende Grundlage. Dabei ist die Grösse des Unternehmens und die Branche bestimmend für den Umfang der Finanzkontrolle.

c) *Geschäftsführung durch Verwaltungsratsmitglieder*

- Exekutive und nicht exekutive Verwaltungsratsmitglieder oder
- ausschliesslich exekutive Verwaltungsratsmitglieder

Der grosse Unterschied besteht darin, ob der Verwaltungsrat als ein rein strategisches Organ handelt und damit keine Geschäftsführungskompetenzen wahrnimmt oder ob der Verwaltungsrat oder einzelne Mitglieder dieses Gremiums Geschäftsführungsfunktionen übernehmen.

In einem ersten Fall betrachten wir die Ausgangslage, wie sie in den meisten KMU gegeben ist: Der Verwaltungsrat bildet zugleich auch die Geschäftsführung. Dabei zeigt sich nach aussen wie nach innen eine Identität von Verwaltungsrat und der eigentlichen Geschäftsführung. In einem solchen Fall sind viele Elemente einer unternehmerischen Struktur hinfällig. Verwaltungsrat und Geschäftsführung sind identisch. Es braucht deshalb kein Organisationsreglement im juristischen Sinne. Ein Organisationsreglement regelt in diesem Fall die Geschäftsorganisation. Es ist aber nicht ein Element der Haftungsbeschränkung. Aufgrund der Identität von Geschäftsleitung und Verwaltungsrat ist eine solche Delegation nicht haftungsmindernd. Der Verwaltungsrat ist unmittelbar mit der Geschäftsbesorgung betraut, weshalb er sich nicht durch eine formale Delegation der Verantwortung entziehen kann. Dies ist den meisten KMU mit einer Grössenordnung bis zu 50 Mitarbeitern der Fall.

Der zweite Fall ist eine Mischform. Hier haben wir einen Verwaltungsrat, welcher sich zusammensetzt aus Mitgliedern der Geschäftsleitung und Mitgliedern, welche nicht der Geschäftsleitung angehören. Hier kommt ein Organisationsregiment mit Kompetenzdelegation zum Tragen. Für die geschäftsführenden Verwaltungsratsmitglieder ist eine Haftungsbeschränkung nicht gegeben, da sie weiterhin eine Doppelfunktion ausüben. Für die Mitglieder des Verwaltungsrats, welche keine Geschäftsleitungsfunktion wahrnehmen, kommt die Delegationen über das Organisationsreglement zum Tragen. Sie nehmen damit die Funktion eines primär strategischen Verwaltungsrats wahr. Sie sind aber nicht in Personalunion Geschäftsleitung, und damit delegieren sie diese Aufgabe an die Geschäftsleitung.

In einer weiteren Form gibt es eine noch deutlichere Trennung von Verwaltungsrat und Geschäftsleitung. Dies ist dann der Fall, wenn im gesamten Verwaltungsrat keine Mitglieder der Geschäftsleitung vertreten sind, mit Ausnahme des Delegierten des Verwaltungsrats. Die Bezeichnung

„Delegierter des Verwaltungsrats" bringt zum Ausdruck, dass der Delegierte sowohl Mitglied des Verwaltungsrats ist, zugleich aber auch Vorsitzender der Geschäftsleitung. Damit haben wir eine klare Aufteilung der Aufgaben, wobei der Delegierte eine Brücke zwischen diesen beiden Ebenen bildet. Die allgemeinen Vorgaben einer hehren Geschäftsführung verlangen mehr und mehr eine klare Trennung. Doppelfunktionen werden im zunehmenden Masse als problematisch deklariert. Sollte etwa der Delegierte der Geschäftsleitung zugleich Präsident des Verwaltungsrats sein, wird darin eine unerwünschte Doppelfunktion gesehen.

Der nächste Schritt der Aufgabenteilung ist eine vollkommene personelle Trennung von Verwaltungsrat und Geschäftsleitung. Der Verwaltungsrat setzt sich aus Personen zusammen, welche ausschliesslich in dieser Funktion tätig sind, und die Geschäftsleitung setzt sich aus Personen zusammen, welche im Geschäft aktiv sind. Eine Überschneidung findet nicht statt und das eine hat mit dem anderen nichts zu tun. Je grösser das Unternehmen, desto mehr wird einer solchen strikten Aufgabenteilung Rechnung getragen. Wer einmal in einem Verwaltungsrat tätig war, der eine solche strenge Trennung der Aufgaben praktiziert, wird sofort die Vorteile eines solchen Systems erkannt haben.

d) Checkliste

- ☐ Wer kümmert sich um die Formalitäten?
- ☐ Lese ich das VR-Protokoll?
- ☐ Ist die Jahresrechnung komplett; Bilanz, Erfolgsrechnung, Anhang, Gewinnverwendung, Jahresbericht?
- ☐ Kennen wir heute den finanziellen Stand des Unternehmens?

4. Die Verwaltungsratssitzungen

a) Grundlagen für Verwaltungsratssitzungen

- Bedeutung
- Funktion des Verwaltungsratspräsidenten
- Kultur des Verwaltungsrats und Sitzungskultur
- Sitzungskultur

Die Technik der Verwaltungsratssitzungen wird bestimmt durch den Verwaltungsratspräsidenten. Er ist diejenige Person, welche die Türe öffnet und befruchtenden Diskussionen die Grundlage bereitet. Ihm kommt deshalb eine wichtige und entscheidende Funktion zu. Je offener sich dies zeigt, desto eher wird sich im Verwaltungsrat die Kultur einer transparenten Diskussion mit gegenseitiger Wertschätzung offenbaren. Damit kommen die verschiedenen Kompetenzen der Mitglieder zum Tragen und die Polivalenz des Verwaltungsrats fruchtet. Es kann nicht genug deutlich an dieser Stelle erwähnt werden, dass der Schlüssel der Verwaltungsratstätigkeit in dieser Person liegt. Ein Gremium an Jasagern oder ein Gremium an Personen, welche sich in der Sonne des Präsidenten anbiedert, schaudert einer kritischen Kultur. Fühlen sich alle Mitglieder des Verwaltungsrats in diesem Organ wohl, wird diskutiert und der Weg eines optimalen Entscheides fruchtbar gefunden.

b) Vorbereitung von Verwaltungsratssitzungen

- Organisation
- Traktandenliste
- Formelle Gestaltung
- Sitzungsunterlagen
- Persönliche Vorbereitung

Die Organisation der Verwaltungsratssitzungen bedarf einer sorgfältigen Vorbereitung. Als Erstes muss der Präsident zunächst die Grundlage für einen mehrjährigen Modus schaffen: Was wird im laufenden Jahr diskutiert, was im nächsten Jahr, und was im dritten und vierten Jahr. Gewisse Themen werden sich wiederholen, andere werden singulären Charakter haben, und wieder andere Themen finden ad hoc ihren Weg auf die Traktandenliste.

Hat der Verwaltungsratspräsident einen Überblick über die Mehrjahresplanung gegeben, ist das laufende Jahr anzugehen. Dabei ist dem Ablauf des Geschäftsjahres und dem Ablauf der Verwaltungsratssitzungen eine themenübergreifende Synchronisation zu gewähren. Sitzungsrhythmus, Themen, Jahresablauf und Entwicklung müssen logisch verknüpft sein.

c) *Die Durchführung der Sitzung*

- Technik und Themen werden durch den Präsidenten des Verwaltungsrats definiert
- Berichterstattung
- Präsentationen
- Beurteilung der Verwaltungsratsarbeit
- Zusammenarbeit von Verwaltungsrat und Revisionsstelle

Die Qualität des Verwaltungsratspräsidenten bestimmt nachhaltig den Ablauf der Sitzungen. Das beginnt bereits damit, wie die Traktandenliste aufgebaut wird und wie die einzelnen Mitglieder des Verwaltungsrats sich zu den Themen äussern können. Je offener die Gesprächskultur, desto fruchtbarer die Diskussion.

Zum Aufbau der Verwaltungsratssitzungen gehört auch die Art und Weise der Berichterstattung. Über welche Themen wird berichtet, wie wird berichtet und wer berichtet. Mitentscheidend dafür ist auch der strukturelle Aufbau des Verwaltungsrats. Entscheidet der Verwaltungsrat als Gremium oder gibt es vorbereitende Ausschüsse? Ein Ausschuss behandelt das Geschäft im Vorfeld und gibt dem Verwaltungsrat eine Empfehlung ab. Dies hat den Vorteil, dass sich gewisse Geschäfte in einem Spezialgremium vordiskutieren lassen, um sie dann in einer erneuten Diskussion im gesamten Verwaltungsrat unterzubringen.

Folgende Ausschüsse haben sich als sinnvoll erwiesen und sind geläufig:

- Strategieausschuss
- Finanzausschuss
- Personalausschuss

Die Anzahl der Ausschüsse richtet sich nach der Grösse des Unternehmens und nach dem Bedarf. Entsprechend ist auch die Anzahl der Verwaltungsratsmitglieder für die einzelnen Ausschüsse zu bestimmen. Eine Grösse von sieben Personen erlaubt zum Beispiel die Bildung von drei Ausschüssen zu je zwei Personen, zuzüglich des Verwaltungsratspräsidenten.

d) Routinetraktanden im Frühjahr

- Genehmigung des Jahresberichts, der Jahresrechnung und der Gewinnverteilung zuhanden der Generalversammlung
- Genehmigung der Boni für die leitenden Mitarbeiter mit Besprechung der Leistungsbeurteilung

Die erste Sitzung im Jahr ist in aller Regel verbunden mit der Verabschiedung der verschiedenen Jahresberichte. Der Jahresbericht wird genehmigt, in einer Form als verbale Berichterstattung zum abgelaufenen Geschäftsjahr. Parallel wird dazu die Jahresrechnung verabschiedet als Ausdruck des Erfolgs des abgelaufenen Geschäftsjahrs. Die gesamte Rechnungslegung ist vom Verwaltungsrat zu genehmigen bzw. es ist der Antrag zuhanden der Generalversammlung zu stellen, in dem die Berichte zur Annahme empfohlen werden.

Parallel dazu sind die Boni für die leitenden Mitarbeiter zu verabschieden, da diese in aller Regel in Verbindung bzw. Abhängigkeit zum Gewinn stehen.

e) Routinetraktanden im Sommer

- Überprüfen der Personal- und Nachwuchsplanung
- Berichterstattung über die Bankbeziehungen (Rating, Kreditlimiten)
- Bestätigung des guten Zustands aller Sozialversicherungen
- Eckdaten für das Budget

Die Traktanden im Sommer dienen in aller Regel dazu, die Jahresrechnung und die finanziellen Beziehungen zu validieren. Zugleich werden hier auch die Eckdaten für das kommende Budget grob besprochen.

f) Routinetraktanden im Herbst

- Beurteilung der Arbeit von Geschäftsleitung und Verwaltungsrat (wenigstens zweijährig)
- Bestätigung der materiellen Zuverlässigkeit des Finanz- und Rechnungswesens
- Bestätigung der optionalen Versicherungsgestaltung

Die Traktanden des Herbstes können mit einer kritischen Beurteilung der Zusammenarbeit von Geschäftsleitung und Verwaltungsrat verbunden werden. Ausserdem sollte ein kritisches Hinterfragen der materiellen Zuverlässigkeit des Rechnungswesens Platz haben.

g) Routinetraktanden im Winter

- Beurteilung der Strategie
- Berichterstattung über das Risikomanagement
- Genehmigung des Budgets

Die Sitzung des Verwaltungsrats im Winter kann mit einer Überprüfung der Strategie des Unternehmens verbunden werden. Im Winter sollten das Budget und die damit zusammenhängenden Fragen verabschiedet werden. Zusammen mit dem Budget stellen sich logischerweise auch strategische Überlegungen.

h) Externe Problemtraktanden

- CEO, Kader
- Meinungsverschiedenheiten im Verwaltungsrat
- Delikte
- Medien
- Professionelle Vertretung

Parallel oder ergänzend zu den periodisch wiederkehrenden Traktanden kommen auch Probleme und damit auch Problemtraktanden auf. Dazu gehören personelle Fragen des Kaders und des CEO. Problemtraktanden bilden dann auch erhebliche Meinungsverschiedenheiten im Verwaltungsrat. Schlussendlich gehören dazu auch allfällige Delikte im unternehmerischen Umfeld, negative Berichterstattungen in den Medien und dergleichen. Bei solchen Problemen muss der Verwaltungsrat sofort handeln und die Diskussion aufnehmen, gegebenenfalls durch eine ausserordentliche Verwaltungsratssitzung. Weiter ist der Verwaltungsrat dazu angehalten, sich wenn nötig durch externe Berater unterstützen zu lassen.

i) Interne Problemtraktanden

- Liquidität
- Ertragslage
- Verlust des halben Aktienkapitals
- Überschuldung
- Konkurs

Ein weiteres mögliches Problem ist die Liquidität, auf die ein besonderes Augenmerk gerichtet werden muss. Es gibt oft Unternehmen, welche sich zwar gut entwickeln, aber Probleme mit der Liquidität haben. In so einem Fall wäre es schade, wenn der unternehmerische Prozess allein wegen der Liquidität grössere Unterbrechungen erleiden würde.

Die laufende Ertragslage sollte grundsätzlich unproblematisch sein. Ist sie es nicht, muss darüber unbedingt sofort im Verwaltungsrat debattiert werden. Schlussendlich definiert der Verwaltungsrat die Strategie, welche sich in einer entsprechenden finanziellen Ertragslage zeigen sollte. Gibt es hier Divergenzen, sind grundsätzliche Probleme vorhanden, welche sofort diskutiert werden müssen.

Rein formal bildet der Verlust des halben Aktienkapitals eine unabdingbare gesetzliche Handlungspflicht. Der Verwaltungsrat muss sich mit diesem Thema befassen und Sanierungsmassnahmen in die Wege leiten. Tut er das nicht, wird er dafür verantwortlich.

Die Überschuldung ist eine weitere, schwierige, wahrscheinlich sogar die unangenehmste Situation für den Verwaltungsrat. Zeigt sich, dass das Aktienkapital nicht mehr vorhanden ist und die Forderungen der Gläubiger nicht mehr befriedigt werden können, ist der Verwaltungsrat in der Pflicht zu handeln, auch wenn das die unangenehme Handlung der Anmeldung des Konkurses bedeutet. Handelt der Verwaltungsrat nicht, wird er damit persönlich verantwortlich und damit für eine allfällige Zunahme der Verschuldung. Oftmals ist der Konkurs eine bessere Lösung als ein langes Dahinsiechen des Unternehmens – lieber ein Ende mit Schrecken, als ein Schrecken ohne Ende.

j) Checkliste

- ☐ Komme ich gerne zu den Verwaltungsratssitzungen?
- ☐ Besteht eine klare Struktur über Verwaltungsratssitzung und Ausschüssen?
- ☐ Erhalte ich rechtzeitig die Unterlagen?
- ☐ Habe ich Übersicht über die Traktanden und Beschlüsse?
- ☐ Ist mir der Jahresablauf der VR-Sitzungen geläufig?
- ☐ Habe ich einen Überblick über die Jahresplanung?
- ☐ Gibt es eine Mehrjahresplanung?
- ☐ Bestehen vordefinierte Kommunikationswege für ausserordentliche VR-Entscheide, insbesondere in Krisensituationen?

k) Jahresplanung

Jahresplanung: Für den Unternehmer
Planen Sie das kommende Jahr vor und verhindern Sie im Tagesgeschäft, die mittelfristige Planung aus den Augen zu verlieren. Wenn Sie sich Ende Jahr ein bisschen Zeit nehmen und die Jahresplanung für das kommende Jahr machen, sparen Sie Zeit und Energie. Beides zeigt sich in Kosteneinsparungen und Umsatzsteigerungen. Nachfolgend ein paar Anregungen zur Jahresplanung.

Januar
Der erste Monat gehört den Mitarbeitern. Wurden alle Mitarbeitergespräche geführt? Gibt es daraus als Arbeitgeber Aufgaben, die noch zu erledigen sind? Sind die neuen Saläre definiert und gepflegt? Erfolgte die Meldung an die Sozialversicherungseinrichtungen? Sind die Lohnausweise erstellt? Liegt eine Jahresplanung für Ferien und Abwesenheiten vor? Besteht Personalbedarf? Haben alle Mitarbeiter eine Liste über Feiertage, „Brücken" und Betriebsferien? Neben den Personalfragen sollte die Jahresplanung der Verwaltungsratssitzungen erstellt sein.
Tipp: Beginnen Sie mit einer groben Jahresplanung!

Februar
Die Januarzahlen sollten vorliegen und der Vergleich mit dem Budget führt zu einer ersten Beurteilung über die inhaltliche Konsistenz der Planzahlen. Der Rohabschluss des vergangenen Jahres sollte auch bei KMU spätestens jetzt vorliegen. Besteht Anpassungsbedarf an das Budget? Ist die Ertragslage des Unternehmens mindestens so befriedigend, dass der Betrieb weiter geführt werden kann? Besteht Anpassungsbedarf in der Unternehmensausrichtung?

März
Für die meisten KMU ist dies der Monat des finalen Geschäftsabschlusses. Dabei ist sorgfältig zwischen einem guten wirtschaftlichen Ergebnis und einem optimalen steuerlichen Ergebnis zu wählen. Die meisten KMU haben einen Geschäftsabschluss, der für Steuern massgebend ist und als Betriebsergebnis zählt. Das hat den Nachteil, dass Steueroptimierungen die Ertragskraft schwächen und so zum Beispiel den Bankkredit negativ beeinflussen können. Ab einer gewissen Betriebsgrösse von 10–20 Mitarbeitern, je nach Ertragskraft, kann eine duale Rechnungslegung gewählt werden, Steuerabschluss und betriebswirtschaftlicher Abschluss. Spätes-

tens jetzt sollte die erste Verwaltungsratssitzung erfolgen und die Generalversammlung vorbereitet werden. Ist die Zusammensetzung des Verwaltungsrats ausgewogen? Bedarf es frischen Blutes?

April
Zeit für die Generalversammlung. Jahresbericht, Abnahme der Jahresrechnung, Décharge, Wahlen etc. Je besser vorbereitet, je einfacher. Am Entlastungsbeschluss dürfen nach Gesetz Personen, die an der Geschäftsführung mitgewirkt haben, nicht abstimmen. Manchmal führt dies zur Unmöglichkeit der Abstimmung. Ich empfehle trotzdem eine Abstimmung, wenn auch eine gesetzeswidrige. Der Vorteil liegt darin, dass der Beschluss zwar anfechtbar, aber nicht nichtig ist. Wird er nicht angefochten, wird er rechtskräftig, was zur Rechtssicherheit beiträgt. Sind Minderheitsaktionäre vorhanden, kann auch freiwillig ein Vergütungsbericht vorgelegt werden und zur Abstimmung gebracht werden. Dies hat den Nachteil, dass eine gewisse Transparenz zutage kommt. Es hat den Vorteil, dass Anfechtungen über die Höhe der Bezüge nach Ablauf der GV-Anfechtungsfrist von zwei Monaten kaum mehr möglich sind. Denken Sie daran: Ein Minderheitsaktionär kann eine Strafanzeige wegen der Entschädigung der Bezüge der Geschäftsleitung machen und mancher Staatsanwalt hat Lust, einen solchen Fall an die Hand zu nehmen.

Mai
In diesem Monat ist der Fokus auf langfristige Verträge mit halbjährlicher Kündigungsfrist, somit Ende nächsten Monat. Sind alle Mietverträge o.k.? Existiert eine Vertragsübersicht über die Verträge oder zumindest über die wichtigsten? Sollen die Personalversicherungsverträge weiter geführt werden (BVG, UVG, KVG etc.).

Juni
Spätester Termin für die GV, falls diese noch nicht durchgeführt worden ist. Für jüngere Mitarbeiter, die sich positiv entwickeln, kann eine Lohnerhöhung per 01.07. überlegt werden. Umstrukturierungen sind bis Juni möglich, da diese in der Regel maximal sechs Monate nach dem letzten Geschäftsabschluss durchgeführt werden können.

Juli
Spätestens jetzt sollte der KMU-Inhaber das erste Mal Ferien machen. Eine meiner Devisen ist: „Es gibt auch ein Leben vor dem Tode“. Ohne

Erholung zerrt man an der Substanz der Lebensenergie. Erholung ist wichtig, damit man in Zeiten von Krisen oder Stress Energiereserven hat. Und, sofern man verheiratet ist, gehört dies zu einem ausgewogenen Familienleben. Der Bedarf an Erholung ist nicht zu unterschätzen. Die Zunahme der Burn-outs, der Schlafprobleme und die der gesundheitlichen Implikationen findet oft ihre Ursache in mangelnder Erholung und Ruhe.

August
Hier ist die Analyse der Halbjahreszahlen gefragt. Umsatz und Erfolg erstes Semester, Vergleich zu Budget und Vorjahr. Liegen wir auf Kurs? Haben wir genügend Reserven für Problemzeiten. Wie ist die Liquidität nach dem Sommer?

September
Gesundheitscheck. Als verantwortungsbewusster Arbeitgeber sind regelmässige Routinekontrollen und Vorsorgeuntersuchungen ein Muss. Ausgewogene Ernährung und angemessene Bewegung sind angesagt. Wer aber einen anspruchsvollen Beruf hat und 50–60 Stunden pro Woche auf hohen Touren dreht, muss nicht das Gefühl haben, nach einem anstrengenden Arbeitstag seinem Körper ein Wohlgefallen zu erbringen, wenn man noch eine Stunde Leistungssport betreibt. Das Gleiche gilt für das Wochenende. Nach einer anspruchsvollen Arbeitswoche sich am Samstag oder Sonntag mit einem zweistündigen Dauerlauf mit Keuchen und Schwitzen zu belasten, ist Unfug. Sportliche Belastung ist dann sinnvoll, wenn dem Körper genug Ruhe zur Erholung bleibt, körperlich und mental. Permanenter Medienkonsum nach der Arbeit bis zum Einschlafen erlaubt auch nicht eine Ruhephase. Sich hinsetzen, ein Buch lesen, Musik hören, etwas Schreiben oder einfach nur Nichtstun und ein wenig Nachdenken, das gehört auch dazu.

Oktober
Nicht alles verplanen. Zeitreserve und Zeitspannen ohne volle Agenda erlauben auch Unvorhergesehenes verantwortungsbewusst zu erledigen.

November
Zeit für das Budget. Auch für kleinere Betriebe. Das kann für das erste Mal auch was ganz einfaches sein. Es geht zu Beginn mehr darum zu

überlegen, wohin die Reise gehen soll. Wachstum, Konsolidierung, Rückgang? Erst mit der Übung kann man sich der Aufgabe der Plangenauigkeit stellen.

Dezember
Die Mitarbeitergespräche stehen an. Diese sollten einen weiten Rahmen haben. Es hat keinen Sinn, wenn Sie einem Mitarbeiter sagen, er hätte im Mai vor acht Monaten einen Fehler gemacht. Die Resultate der Arbeit sind immer zeitnah zu würdigen. Die Jahresendgespräche dienen der Zukunftsplanung des Mitarbeiters und damit mittelbar dem Unternehmen.

V. Pflichten des Verwaltungsrats

1. Allgemeines

a) Oberste Gebote

- Oberleitung
- Pflicht der Unternehmensführung
- Gewinn

Zu den Pflichten des Verwaltungsrats gehört die Oberleitung, wie wir sie schon beschrieben haben. Weiter gehört dazu die Pflicht, das Unternehmen zu führen. Damit ist auch zum Ausdruck gebracht, dass die Tätigkeit des Verwaltungsrats sich nicht in repräsentativen Aufgaben in einem Gremium erschöpft. Vielmehr braucht es Handlung. Die Verpflichtung des Verwaltungsrats, das Unternehmen zu leiten und zu führen, muss schlussendlich auch im Interesse sichtbar sein, für das Unternehmen Gewinn zu erwirtschaften.

b) Sorgfalts- und Treuepflicht (Art. 717 OR)

- Sorgfaltspflicht
- Ordnungsgemäss handeln
- Wahrung der Interessen der Gesellschaft
- Interessen der Gesellschaft sind über eigene Interessen zu stellen (Interessenskollision)
- Gleichbehandlung der Aktionäre, z.B. Auskünfte an Aktionäre

Zu den Pflichten des Verwaltungsrats gehört es auch, ordnungsgemäss zu handeln und die Interessen der Gesellschaft zu wahren. Die Interessen der Gesellschaft sind höher zu gewichten als die eigenen Interessen. Insbesondere für KMU-Verwaltungsräte, die sowohl Verwaltungsrat als auch Geschäftsführer sind oder die sowohl Eigentümer als auch Geschäftsführer sind, ist dieser Spagat oft schwierig.

Die Gleichbehandlung der Aktionäre ist ein weiteres Dogma. Hauptaktionäre bestimmen in der Regel die Geschäftsleitung und haben eine dominierende Funktion. Den Minderheitsaktionären ist aber ebenfalls Rechnung zu tragen. Dies ist oft nicht unproblematisch. Minderheitsaktionäre entstehen durch unternehmerische Ausgangslagen, welche dies einmal als sinnvoll erachteten. Aufgrund von unternehmerischen Entwicklungen kann sich das natürlich ändern und ein angenehmer Minderheitsaktionär wird zur Persona non grata – eine schwierig zu meisternde Herausforderung für das Führungsgremium.

c) *Aufgaben gemäss Gesetz*

- Der Verwaltungsrat ist geschäftsführendes Organ (Art. 716 OR)
- Wahrnehmung aller Geschäftsführungsaufgaben
- Der Verwaltungsrat als Organ (Art. 718 OR)
- Vertretung der Gesellschaft
- Umfang der Vertretungsbefugnis

Der Verwaltungsrat ist das geschäftsführende Organ des Unternehmens. Er handelt für das Unternehmen in rechtlicher Hinsicht und verpflichtet das Unternehmen. Dies kann er durch eine Delegation an die Geschäftsleitung übertragen. Die Zeichnungsberechtigung ist im Handelsregister anzumelden und nach aussen kundzutun.

d) *Delegation an die Geschäftsführung*

- Formelle Voraussetzungen
- Statuten
- Organisationsreglement
- Rechtsgültige Delegation
- Unübertragbare und unentziehbare Aufgaben des Verwaltungsrats

Die Delegation der Geschäftsleitung bestimmt sich durch die verschiedenen Beschlüsse und Dokumente und Urkunden, wie sie schon früher hier in diesem Text erläutert wurden. Es wird deshalb hier nur noch einmal summarisch auf diesen Punkt zurückgekommen.

e) *Organisationsreglement*

- Organisation
- Sitzungsrhythmus
- Präsenzquorum
- Inhalt und Umfang der Delegation
- Auskunfts- und Einsichtsrecht

Auch bezüglich des Inhaltes des Organisationsreglements wollen wir uns hier auf eine kurze Wiederholung der Vorgaben reduzieren. Das Organisationsreglement ist unabdingbare Voraussetzung einer Delegation an die Geschäftsleitung.

f) Arbeitsvertragliche Grundlagen

- Geheimhaltungs- und Rückgabepflichten
- Konkurrenzverbot
- Entschädigung

Es versteht sich von selbst, dass sich der Inhalt der Tätigkeit des Verwaltungsrats mit all seinen Rechten und Pflichten in aller Regel nicht durch das Gesetz definiert. Vielmehr gibt es dazu einen Arbeitsvertrag, Regimente und Weisungen und vieles mehr, welche für den Verwaltungsrat verbindlich sind und welche seine Tätigkeit definieren.

- Unterschriftenliste
- Organigramm
- Wer macht was

In den arbeitsvertraglichen Grundlagen können verschiedene Elemente definiert werden, etwa wie unterzeichnet wird, wer was macht, welches das aktuelle Organigramm ist usw.

In grösseren Unternehmen ist es üblich, dass der Verwaltungsrat bzw. das Verwaltungsratsmitglied eine umfassende Dokumentation erhält.

g) Checkliste

- ☐ Kenne ich meine Rechte und Pflichten als VR?
- ☐ Habe ich einen Arbeitsvertrag?
- ☐ Bin ich mir über den rechtlichen Inhalt meines Mandates bewusst?
- ☐ Habe ich die notwendigen Reglemente und Dokumente?

2. Definition der Unterschriftsberechtigung

a) *Unterschriftsberechtigungen*

Als Beispiel sei hier die Unterschriftsberechtigung von einem kleinen Unternehmen dargestellt, so wie sie nach aussen eingehalten werden sollte. Es ist empfehlenswert, auch für kleinere Unternehmen die Art und Weise der Unterschriftsberechtigung festzuhalten.

Einzelunterschrift:

Bill Muster	Präsident des Verwaltungsrats

Kollektivunterschrift jeweils zu zweien:

Frank Example	Mitglied des Verwaltungsrats
Max Frei	Prokurist
Stefanie Meier	Prokuristin
Roger Müller	Handlungsbevollmächtigter
Gregor Federer	Handlungsbevollmächtigter

Im Auftrag (jeweils nur mit Unterschriftsberechtigtem und somit nicht unter sich) Susy Strollcher, William Poo, Robin Chapeau, Janes Bond

b) *Organigramm*

Neben der Unterschriftsberechtigung empfiehlt es sich auch für kleinere Unternehmen, ein Organigramm zu erstellen. Dabei wird aufgezeigt, wie das Unternehmen aufgebaut ist, wer wem unterstellt ist und welche Unternehmensbereiche wo angegliedert sind.

Sollte ein solches Organigramm/Reglement das erste Mal erstellt werden, ist es kritisch zu hinterfragen. Man muss bedenken, dass sich die Definition eines Mitglieds oder einer angestellten Person innerhalb des Unternehmens durch ein solches Organigramm manifestiert. Damit können Gefühle über Hierarchien und Kompetenzen verbunden sein. Es lohnt sich deshalb, sich beim Erstellen eines solchen Organigramms/Reglements Zeit zu nehmen und es vor einer Veröffentlichung innerhalb des Betriebes ein paarmal zu überdenken.

3. Bezeichnung der Mitarbeiterfunktion für Korrespondenzen

Neben der eigentlichen Zeichnungsberechtigung empfiehlt es sich auch, die Bezeichnung der Mitarbeitenden für die Korrespondenz mit aussenstehenden Personen zu dokumentieren und festzulegen. Hier ein Beispiel für ein Treuhandunternehmen:

Dr. iur. Bill Muster Steuer- u. Treuhandexperte Zugelassener Revisionsexperte RAB Zugelassener Versicherungsvermittler FINMA	**Frank Example** Dipl. Buchhalter BTS CGE Zugelassener Revisor RAB
Max Frei Treuhänder mit eidg. FA Zugelassener Revisionsexperte RAB	**ppa. lic. soc. Stefanie Meier** Treuhänderin
i.V. lic. rer. pol. Roger Müller Treuhänder / MWST-Spezialist STS Zugelassener Revisor RAB	**i.V. Gregor Federer** Fachmann Finanz- u. Rechnungswesen mit eidg. FA Zugelassener Revisor RAB
i.A. Susy Strollcher Kauffrau	**i.A. William Poo** Kaufmann
i.A. Robin Chapeau Praktikant	**i.A. Janes Bond** Auszubildender

4. Musterreglement

Ein Musterreglement wie das hier vorliegende regelt die wesentlichen Verfahrensabläufe eines Kleinunternehmens: wer macht was und wer ist wofür verantwortlich. Sobald man ein erstes Mal einen solchen Text erstellt hat, erkennt man sofort den praktischen Nutzen. In der Regel empfiehlt es sich, dieses Reglement nach jeder Personalmutation anzupassen.

- Ausgangslage
- Zielsetzung
- Geschäftsleitung, Führungsrhythmus
- Hauptaufgaben
  - Fachtechnische Kompetenz
  - Organisation; Aufgabenzuteilung; interne Betriebsabläufe für Aufträge
  - Qualitätskontrolle
  - IT
- Weitere Aufgaben
  - Personal
  - Betrieb und Technik
  - Fakturierung
  - Buchhaltung/Finanzen
  - Sekretariat/Büroleitung
  - Büroordnung
  - Steuern
  - SRO und Compliance
  - Lehrlinge
  - Legal Files

Die nachfolgenden Ausführungen sind ein Beispiel eines Reglementes eines Treuhandunternehmens.

a) Ausgangslage

Der Verwaltungsrat der Treuhand AG (nachstehend AG) hat sich mit den Fragen der Organisation der Treuhand AG auseinandergesetzt.

Das vorliegende Dokument bildet einen integrierenden Bestandteil des entsprechenden Protokolls.

Die Mitteilung an die Mitarbeiter der Treuhand AG erfolgt so rasch als möglich.

b) Zielsetzung

Die Organisation wird einfach gehalten und richtet sich nach den Bedürfnissen und Anforderungen des Marktes.

Die Verbindung zwischen Verwaltungsrat und operativem Geschäft erfolgt durch den Exponenten Dr. iur. Bill Muster (Verantwortlicher Operation).

c) Geschäftsleitung, Führungsrhythmus

Die Geschäftsleitung (nachstehend GL) wird durch Dr. iur. Bill Muster und Herrn Frank Example gebildet. Die GL tagt situativ und bearbeitet die Geschäfte ad hoc. Sie bearbeitet bei Bedarf die nachstehenden Traktanden:

- Protokoll der letzten Sitzung
- Pendenzenkontrolle
- IT
- Personelles
- Finanzielles
- Umfrage und Verschiedenes

d) Hauptaufgaben

Die Hauptaufgaben der einzelnen Bereiche sind nachstehend aufgelistet:

aa) Fachtechnische Kompetenzen

- Steuern (Verantwortlich Bill Muster)
- Recht (Verantwortlich Mitarbeiter I)
- Revision (Verantwortlich Mitarbeiter II)
- Beratung (Verantwortlich ... usw.)
- Geschäftsleitung

bb) Organisation, Aufgabenzuteilung, Betriebsabläufe für Aufträge

- Kundenliste
- Projektabwicklung
- Organisationsleitung
- Monatliche Umsätze
- Kontrolle der personellen Effizienz

cc) Qualitätskontrollen

- Gesamtkontrolle
- Pendenzenliste Mitarbeiter
- Qualitätssicherung
- Risk Management

dd) IT

- Gesamtes EDV-System
- EDV-Kostenkontrolle
- Passwörter
- E-Mail-Adressen
- IT-Verbrauchsmaterial
- Störungsdienst informatik@xyz.ch

e) Weitere Aufgaben

aa) Personal

- Administration
- Eintritt und Austritt von Mitarbeitern
- Dienstjubiläum
- Verwaltung
- Personalwesen
- Lohnwesen
- Vertragsmanagement
- Sollstunden
- Absenzen
- Stundenansätze Mitarbeiter
- Ferienliste
- Schlüssel und Schlüsselliste
- Arbeitsplatz vorbereiten / Blumen bei Neueintritt
- Geburtstagsliste Mitarbeiter / Blumen
- Kontrolle Weiterbildung
- Liste der Revisoren
- Dokument Organisation
- E-Banking, Liste der Unterschriftsbestimmungen

bb) Betrieb und Technik

- Telefone
- Unterhalt Infrastruktur
- Offerten Internet Accounting
- Mieten
- Internetauftritt
- Gestaltung der Drucksachen
- Bedarfsmaterial EDV
- Prozesse

cc) Fakturierung

- Rechnungen
- Mahnungen
- Honorare Verwaltungsrat
- Debitoren Buchhaltung
- Ermittlung Produktivität der einzelnen Dossiers

dd) Buchhaltung/Finanzen

- Buchhaltung
- Finanzen
- Investitionsanträge
- Kasse (klein)
- Budget
- Monatlicher Cash (freie Mittel und Verfügbarkeiten)

ee) Sekretariat/Büroleitung

- Empfang
- Ordnung (im ganzen Haus)
- Zentrale Administration und Organisation Anwesenheit
- Kundeninfos
- Internes Telefonverzeichnis
- Ordnung in Regalen
- Mitarbeiterordner
- Schild mit den Mitarbeitern beim Eingang
- Firmenschilder
- Verwaltungsratsliste

- Telefonbucheinträge
- Liste der Revisionsmandate

ff) Büroordnung

- Altpapier
- Reinigung
- Hausordnung (Pflanzen, Küche etc.)
- Archiv
- Ablage
- Büromaterial
- Küchenbedarf
- Sitzungszimmer (Kontrolle Getränke, Formulare, allg. Eindruck)
- Kundenanlässe
- Mailings

gg) Steuern

- Einhalten der Fristen für Steuern
- Steuern

hh) Compliance

- Einhalten der Unternehmenscompliance
- Geldwäschereigesetz
- Compliance: Einhaltung von Treuhand AG-Grundsätzen

ii) Lehrlinge

- Betreuung der Lehrlinge am Arbeitsplatz
- Verfolgung des Ausbildungslehrganges

jj) Legal Files

- Verträge
- Rechtliches
- Dokumentation über das interne Kontrollsystem
- Revisionsaufsichtsbehörde

f) Inkraftsetzung

Eine mögliche Formulierung der Inkraftsetzung des Reglements wäre: „Die vorliegenden Spielregeln wurden durch die zuständigen Organe beschlossen und treten am 01.01.2023 in Kraft."

VI. VERHÄLTNIS VERWALTUNGSRAT – GESELLSCHAFT

1. ALLGEMEINES

- Obligationenrecht (KMU)
  – Verwaltungsrat = Geschäftsführer
- Pro Memoria
  – Spezialgesetze
  – Swiss Code of Best Practice
  – Kapitalmarktrecht

Die rechtlichen Grundlagen des Verwaltungsrats gegenüber der Gesellschaft sind in erster Linie durch das Gesetz beschrieben. Das Obligationenrecht beschreibt die Vorgaben. Eine Lektüre des Gesetzes ist empfehlenswert, da es sehr gut lesbar ist. Neben diesen grundsätzlichen Vorgaben gibt es natürlich auch Sondergesetze. Diese finden jedoch in aller Regel erst bei börsennotierten Unternehmen Anwendung.

2. STRUKTUR

- Organ
  – Entstehung
  – Beendigung
- Rechtsgrundlage
  – Auftrag
  – Arbeitsvertrag

Wir haben schon an früherer Stelle beschrieben, dass sich die Funktion des Verwaltungsrats einerseits aus seiner gesetzlichen Definition heraus entwickelt, andererseits aber auch über seine individuellen Vorgaben aus Verträgen und Reglementen begründet.

3. CHECKLISTE

- ☐ Ist das Obligationenrecht anwendbar oder Standards wie Swiss GAAP FER?

4. Compliance

Die rechtlichen Grundlagen des Verwaltungsrats gegenüber der Gesellschaft sind in erster Linie durch das Gesetz beschrieben. Das Obligationenrecht beschreibt die Vorgaben. Nachfolgend wollen wir uns mit dem Thema Compliance beschäftigen.

a) Einführung

Ich möchte das Thema Compliance offen angehen und Themen beschreiben, welche aus meiner Sicht wichtig sind.

Im rechtlichen Bereich umschreibt die Compliance grundsätzlich die Massnahmen, welche ein Unternehmen trifft, um die Einhaltung von Regeln und Gesetzen umzusetzen. Mit anderen Worten, man verhindert durch Massnahmen die Verletzung von Rechtsvorschriften. Während noch im letzten Jahrhundert dieser Spielraum weitaus lasch gehandhabt wurde und insbesondere die Einhaltung der Gesetze an den einzelnen Mitarbeiter delegiert waren oder so verstanden wurden, hat sich die allgemeine Rechtsauffassung dazu wesentlich geändert. Es ist die Aufgabe des Unternehmens, dafür zu sorgen, dass die rechtlichen Eingaben eingehalten werden. Parallel zu diesen Geboten hat sich auch das Unternehmensstrafrecht entwickelt. Ist eine Person nicht identifizierbar für Regelverstösse, so wird das Unternehmen selbst für Delikte strafrechtlich sanktioniert.

b) Umsetzung hängt stark von der Unternehmensgrösse ab

Die Umsetzung einer angepassten Compliance hängt sehr stark von der Unternehmensgrösse und der Unternehmensstruktur ab. Während für ein kleineres eignergeführtes Unternehmen mit wenigen Mitarbeitern die Compliance nicht formalisiert gepflegt wird und faktisch durch den Chef erledigt wird, ist die Aufgabe in einem börsennotierten Unternehmen durch eine klar organisierte Complianceabteilung grenzüberschreitend international geregelt mit einem umfassenden Kompendium für das Unternehmen. Dabei erschöpft sich die Compliance nicht nur in der Erstellung eines entsprechenden Kodex, sondern selbstredend auch durch eine regelmässige Pflege und Kontrolle dieser Vorgaben für das Unternehmen. Grösste Hürde dabei ist, insbesondere bei stark international ausgerichteten Unternehmen, die Umsetzung eines kontinentalen oder weltumspannenden Kodex für eine gesamte Unternehmensgruppe unter Beachtung der spezifischen nationalen und lokalen Gepflogenheiten. Dabei kann es durchaus sein, dass sein Verhalten in einem Land geboten und üblich ist, während in einem anderen Land dies genau den Grundsätzen der Rechtsordnung widerspricht. Es ist dabei die Aufgabe einer internationalen Complianceabteilung, hier einen Kodex zu schaffen, welcher diesen Vorgaben Rechnung trägt.

c) *Schweiz*

Für KMU steht dabei regelmässig nur ein beschränktes Budget zur Verfügung. Der Compliance Officer hat nur beschränkte Mittel, um seinen Aufgaben gerecht zu werden. Die wachsenden regulatorischen Vorgaben bringen es sich jedoch mit sich, der Compliance die entsprechende Bedeutung zukommen zu lassen. Ganz wichtig ist, dass die mit dieser Aufgabe betraute Person sich nicht als Kontrolleur und Überwacher dem Team gegenüber zeigt, sondern ihre Rolle vor allen Dingen als Berater sieht. Wenn sie die Belegschaft davon überzeugen kann, dass eine zuverlässige Compliance zu weniger Problemen für das Unternehmen führt und damit die Wertschöpfung erhöht wird, so wird Compliance im Team als verantwortungsvolle Aufgabe verstanden und nicht als formelles Erfordernis mit reiner Belastung. Durch einen klaren Beschrieb sensitiver Prozesse kann damit das Unternehmen kontrolliert und reguliert handeln und mit wenig Belastung in die Zukunft gehen. Entsprechend sind auch die digitalen Arbeitsprozesse innerhalb eines Betriebes an die Compliance anzupassen. Geschieht dies schon zu Beginn eines unternehmerischen Ablaufs, ist damit die Compliance durch den Workflow bereits schon von Anfang an impliziert und keine eigentliches Hindernis mehr für den Wertschöpfungsprozess des Unternehmens.

d) *Compliance als Good Gouvernance im Privatbereich (im Gegensatz zum zum öffentlichen Sektor)*

Ein wesentlichen Element der Compliance ist das Element der Good Gouvernance. Good Governance beschreibt die allgemeinen Vorgaben, wie ein Unternehmen geführt und strukturiert werden soll, damit es durch seine Führungsstruktur selbst in einer optimalen Masse die regulatorischen Vorgaben erfüllt und die gesetzlichen Vorschriften einhält. In der Schweiz sind für die allgemein bekannten Unternehmen diese Vorgaben im Unternehmensrecht geregelt, insbesondere im Aktienrecht. Je grösser das Unternehmen, desto umfassender die Vorgaben. Sehr stark reguliert sind die börsennotierten Unternehmen. Dazu nachfolgend als Beispiel die SIX-Richtlinie im Überblick.

SIX-Richtlinie regelt:

- Konzernstruktur und Aktionariat
- Kapitalstruktur
- VR-Mitglieder / Interessenverbindungen
- GL-Mitglieder / Interessenverbindungen
- Entschädigungen, Beteiligungen und Darlehen
- Ergänzende Angaben, falls nicht der Vegüv unterstellt (Die Verordnung gegen übermässige Vergütungen bei börsenkotierten Aktiengesellschaften; nunmehr im Aktienrecht geregelt)
- Mitwirkungsrechte der Aktionäre
- Kontrollwechsel und Abwehrmassnahmen
- Revisionsstelle Amtsdauer, Honorare, Informationsinstrumente
- Informationspolitik

e) Compliance als Good Gouvernance im öffentlichen Bereich

Die grössten Lücken der Compliance finden sich im öffentlichen Bereich. Der öffentliche Sektor reguliert sich selbst in seinem Geschäftsgebaren in minimalster Weise, während das Recht und das öffentliche Recht den Privatpersonen einschneidende Vorgaben vorgibt. So ist, als einfaches Beispiel, die Kollektivunterschrift zu zweit im öffentlichen Sektor noch unbekannt. Die meisten Entscheide trifft eine Amtsperson alleine. So ist es zum Beispiel möglich, dass ein unerfahrener Staatsanwaltschaft in Zusammenarbeit mit einer Revisorin in Ausbildung einen erfahrenen Wirtschaftskapitän öffentlich anklagt. Auf Wunsch kann ich dazu gerne konkrete Details geben. Auch das Gerichtswesen ist bezüglich Compliance ungenügend dotiert. Die rund 10 000 Richter in der Schweiz haben keinen Lehrgang zur Ausbildung als Richter besucht. Damit obliegt die Kontrolle über die Einhaltung der Rechtsordnung einer Richterschaft, welche, im Gegensatz zu sehr vielen ausländischen Rechtsordnungen, keine Grundausbildung für das Einmaleins des Richterrechts genossen hat.

f) Exkurs: Compliance für Treuhand

Als langjähriger Treuhänder sei mir an dieser Stelle dieser Exkurs erlaubt.

In diesem Teil beschäftigen wir uns mit der Compliance aus der Sicht eines exekutiven Organs eines Treuhandunternehmens. Dabei werden die spezifischen Vorgaben der Compliance im Treuhandwesen für eine kleine und mittelgrosse Treuhandunternehmung wiedergegeben.

aa) Einführung

Ich möchte das Thema Compliance offen angehen und Themen beschreiben, welche aus meiner Sicht wichtig sind

Im rechtlichen Bereich umschreibt die Compliance grundsätzlich die Massnahmen, welches ein Unternehmen trifft, um die Einhaltung von Regeln und Gesetzen umzusetzen. Bei einem Treuhandunternehmen ist diese Vorgabe besonders intensiv, da einerseits der Beruf stark reguliert ist, besonders im Bereich der Wirtschaftsprüfung, und andererseits weil die Beratung des Treuhandkunden komplex ist und oft noch unter einer zeitlichen Frist mit Zeitnot verbunden ist.

bb) Umsetzung hängt stark von der Unternehmensgrösse ab

Die Umsetzung einer angepassten Compliance hängt sehr stark von der Unternehmensgrösse und der Unternehmensstruktur ab. Wir wollen hier die Unternehmensgrösse einer Treuhandunternehmung um die zehn Personen behandeln. Kleinstunternehmen fallen aus dem Raster der Compliance und ab 30 bis 40 Personen wird es sehr komplex und intensiv.

cc) Identifikation des Kunden und Honorar

Know your customer. Eines der ersten wichtigen Grundlagen für das Treuhandmandat ist die Identifikation des Kunden. Während andere Länder bereits so weit gehen, dass der Kunde über Ausweispapiere identifiziert werden muss, ist die Schweiz hier noch nicht so weit gegangen. Andererseits führt die generelle Erfassung sämtlicher volljährigen Personen durch die verschiedenen Steuerverwaltungen als steuerpflichtige Person bereits schon relativ rasch am Anfang zu einer klaren Zuordnung der Person, sei es als natürliche Person oder als juristische Person. Neben der eigentlichen Identifikation ist es auch wichtig, Interessenkonflikte zu erkennen bzw. zu vermeiden. In einer Unternehmensgrösse, so wie beschrieben, sollte die Übersicht über die Mandate mittels eines Mandantenerfassungsprogrammes gut möglich sein. Klare Vollmachten erleichtern das Kundenmanagement. Anfragen von Kunden über die Bonität von Personen und Unternehmen können bereits schon problematisch sein, da nicht ausgeschlossen werden kann, ob Interessenbeziehungen bzw. Interessenkonflikte zu bereits bestehenden Mandaten existieren.

Zu Beginn sollte so rasch als möglich die Frage des Honorars abgeklärt werden. Hier hat es sich als taugliches Instrument erwiesen der Versand eines standardisierten E-Mails mit dem Hinweis, dass das Mandat begonnen hat und zu welchen Stunden-Honoraransätzen bei welchen Personen gearbeitet wird. Damit zeigen sich von Beginn an die Entgeltlichkeit des Auftrages und die Honoraransätze. Sobald sich ein grösseres Arbeitsvolumen zeigt, empfiehlt es sich, mit Offerten zu arbeiten. Dabei sollte das Master-Formular eine umfassende Offerte sein. Für juristische Personen sollte das ganze Programm themenartig angegangen werden, wie Buchhaltung, Steuererklärung, Domizilierung, Steuerberatung, Exekutivemandate, Salärabrechnungen usw. Sobald dann mit einem potenziellen Klienten die Bedürfnisse evaluiert sind, können dann die nicht notwendigen Elemente weggelassen werden oder als Pro-memoria-Position aufgezeigt werden. Dabei können auch für gewisse Bereiche Pauschalhonorare angeboten werden, um die Zusammenarbeit mit dem Kunden zu vereinfachen. Regelmässige Rechnungsstellung führt einerseits zu einer besseren Liquidität und andererseits zu einer Triage der Mandate. Relativ bald kann sich der Kunde orientieren, ob er mit der Treuhand weiter zusammenarbeiten möchte oder ob seine Vorstellungen damit nicht dem entsprechen, was er sich wünscht. Auf der anderen Seite ist nach einer Anfangszeit damit für das Treuhandunternehmen die Vertrauensposition relativ klar dokumentiert, was dann die Entwicklung des Mandates erleichtert. Es versteht sich von selbst, dass dabei nur die notwendigen Handlungen von einem Treuhandunternehmen durchgeführt werden sollen, welche gesetzlich vorgeschrieben sind. Das Opting out muss dem Kunden erklärt werden, damit er nicht eine Revisionsstelle hat, welche er gar nicht benötigt. Der Treuhänder ist verpflichtet, das Mandat optimal zu erfüllen, darin eingeschlossen ist auch die Wahl eines kostengünstigen Weges, auch wenn der Kunde diesen nicht kennt (passende MwSt-Methode). Späte Erkenntnis zu diesem Thema kann zu Problemen oder zur Beendigung des Mandates führen.

dd) Die wichtigsten Elemente eines Treuhandmandates

In Stichworten seien hier die wichtigsten Pflichten des Treuhänders gegenüber dem Kunden erwähnt, für welches das Treuhandunternehmen einstehen muss. Damit es diese Leistungen erfüllen kann, sind entsprechende organisatorische Massnahmen im Betrieb notwendig. Dazu gehört ein umfassendes Kundenerfassungsprogramm, die Zuordnung der Mandate an den Sachbearbeiter und den Verantwortlichen (Supervisor), damit die Einhaltung sämtlicher Fristen und Steuerfristen, die Erfassung der Beendigung des Jahresmandates oder des gesamten Mandates, die Dokumentation des Ablaufs des Mandates mit einer entsprechenden physischen und elektronischen Ablage. Die Kontrolle all dieser Tätigkeiten, vor allen Dingen durch ein umfassendes Vieraugenprinzip. Dazu gehört auch die Erarbeitung einer klaren Unterschriftsdokumentation. Welcher Mitarbeiter darf was mit wem unterzeichnen und was nicht. Dabei sollte nicht nur ein Unterschriftregiment erstellt werden, sondern selbstredend auch kontrolliert werden. An dieser Stelle ist zu bemerken, dass nicht sofort widerrufene Unterschriften gegenüber Dritten rechtswirksam sind bzw. werden.

Zu den einzelnen Aufgaben gehört die Aufklärung über die wichtigsten Fragen des Steuerrechts, geeignete Checklisten, welche es dem Kunden erlauben, vollständig und umfassend alle Unterlagen bereitzustellen, die Information über den Verfahrensablauf, die Wichtigkeit der Kontrolle der Steuerveranlagung innerhalb der gesetzlichen Einsprachefrist, die Erklärung über das Steuerbudget und die notwendigen Vorauszahlungen usw. Im Unternehmensbereich ist diese Aufgabe noch komplexer und sehr stark branchenabhängig. Die branchenspezifische Compliance darf klarerweise beim Kunden positioniert werden, während die allgemeinen Fragen der Compliance vom Treuhänder aufgenommen werden sollten. Dabei kann ohne Weiteres auch festgestellt werden, welche weiteren Aufgaben das Unternehmen selbst erfüllt und in welchen Bereichen der Treuhandmitarbeiter mitwirken soll. Dabei hat der Treuhänder auch eine Beratungspflicht. Wenn er zum Beispiel erfährt, dass bei einem Kunden die Zugangskoordinaten für das elektronische Banking nicht personenspezifisch gehandhabt wird, sondern herumgereicht wird, so muss darauf hingewiesen werden, dass ein solches Geschäftsgebaren Grundsätze des Bankenrechts verletzt und später zu Problemen für das Unternehmen führen kann.

VII. Haftung des Verwaltungsrats

1. Verantwortung

a) Aktienrechtliche Verantwortung

- Haftung gegenüber Gesellschaft, Aktionären und Gläubigern aus Geschäftsführung (Art. 754 OR)
  - Pflichtverletzung
  - Schaden
  - Adäquater Kausalzusammenhang
  - Verschulden (Absicht oder Fahrlässigkeit)
- Décharge, Entlastung, an der Generalversammlung
- Keine Haftung wegen Konkurs

In diesem Kapitel wollen wir die Verantwortung des Verwaltungsrats näher beleuchten. Der Verwaltungsrat haftet gegenüber der Gesellschaft, den Aktionären und den Gläubigern mit seiner Tätigkeit als geschäftsführendes Organ. Für eine allfällige Schadenszufügung wird er verantwortlich. Dabei muss aber eine ganze Reihe an Voraussetzungen erfüllt sein. Es braucht erstens den Nachweis des Schadens, zweitens den Nachweis der Pflichtverletzung und drittens einen adäquaten Kausalzusammenhang zwischen der Handlung, der Pflichtverletzung und dem Schaden. Letztendlich muss auch ein Verschulden vorliegen, sei es in der Form von Absicht oder Fahrlässigkeit. Erst wenn all diese Voraussetzungen erfüllt sind, kommt die persönliche Haftung des Verwaltungsrats bei seiner Tätigkeit zum Tragen.

b) Weitere Haftungstatbestände

- Sozialversicherungsrecht
- Seltener, aber auch:
  - Steuerrecht
  - Strafrecht
  - Aktienrecht

Neben der im vorangegangenen Kapitel beschriebenen aktienrechtlichen Verantwortung gibt es auch definierte Verantwortungen in Sondergesetzen. Dazu zählen zum Beispiel die Bestimmungen des Steuerrechts. Die

Steuergesetzgebung des Bundes oder der Kantone kann vorsehen, dass in gewissen Situationen der Verwaltungsrat für die öffentlich-rechtlichen Forderungen haftet. Dabei können strengere Voraussetzungen formuliert werden als die allgemein beschriebenen.

Das Strafrecht und vor allem die besonderen Sonderstrafrechtsnormen in vielen Gesetzen und Sondergesetzen können eine Haftung des Verwaltungsrats begründen.

Eigentliche Falle ist das Sozialversicherungsrecht, in besonderem Masse die Bestimmungen der AHV. Sollte das Unternehmen nicht in genügendem Masse die Beiträge der Arbeitnehmer und Arbeitgeber an die sozialen Institutionen abführen, können sich dadurch persönliche Verantwortlichkeiten manifestieren.

c) Risiken bei Gesellschaftsgründungen und beim Mantelhandel

Die Gründung von Gesellschaften und der Verkauf und Kauf von Gesellschaften ist etwas Alltägliches. In den meisten Fällen wird dies problemlos abgewickelt, aber es gibt auch Tücken. Wir wollen hier die Gründung von Kapitalgesellschaften (GmbH und AG) analysieren und deren Verkauf.

aa) Bargründung

Die Bargründung ist die einfachste Methode. Wenn die Firma, somit der Name der Gesellschaft bestimmt ist, wird ein Kapitaleinzahlungskonto bei einer Bank eröffnet. Daraufhin zahlen die Gründer nach dem vereinbarten Schlüssel ein oder auch nur ein Aktionär. Die Bank bestätigt daraufhin, dass für die Gesellschaft CHF xy einbezahlt wurden. In den meisten Fällen sind dies CHF 20 000 für die GmbH und CHF 100 000 für die AG. Mit dieser Bescheinigung kann die Gesellschaft beim Notar gegründet werden. Durch die gesperrte Hinterlegung des Geldes bei einer Bank steht das Geld der Gesellschaft zur freien Verfügung. Nach dem Eintrag im Handelsregister ist das Kapital frei und die Gesellschaft kann über das Geld frei verfügen. Bei den meisten Banken ist ein neues Konto zu eröffnen und das Geld wird abzüglich einer Bearbeitungsgebühr auf das neue Konto der AG übertragen. Bei wenigen Banken bleibt es dasselbe Konto und es wird entsperrt. Das Geld (Kapital) steht nach der Gründung unmittelbar zur Verfügung der Gesellschaft.

Alle Geschäfte, die mit dem Gesellschaftszweck in Einklang stehen, sind möglich. Alle anderen Geschäfte sind auch möglich, führen aber zu Haftungsansprüchen von Gläubigern und Aktionären gegenüber der Gesellschaft (anfechtbare gesellschaftszweckwidrige Geschäfte). Rechtswidrig sind natürlich illegale Geschäfte (Drogengeschäfte etc).

bb) Sacheinlagegründung

In diesem Fall werden Sachwerte in eine Gesellschaft eingebracht anstelle von Geld oder zusätzlich zu Geld. In einem solchen Fall muss dieser Sacheinlagevertrag von einem Revisor geprüft werden. Er bestätigt die Konformität der Sacheinlage. Im Anschluss daran wird die Gesellschaft gegründet und die Sachwerte gehören der Gesellschaft, anstelle von Bargeld.

Problematisch wird diese Gründung, wenn die Sacheinlagen nicht werthaltig sind und später zu einem Konkurs führen. In diesem Fall kann die Gründerhaftung von Verwaltungsrat und Revisor zum Tragen kommen.

cc) Beabsichtigte Verträge mit Kapitaleignern

Ist geplant, Verträge mit nahestehenden Personen abzuschliessen, so unterliegen auch diese der Prüfung durch einen Revisor. Wenn als Beispiel ein Unternehmer eine Kapitalgesellschaft gründet und er möchte der Gesellschaft einige Aktiven seiner Einzelunternehmung an die Kapitalgesellschaft verkaufen, so ist dieser Vertrag durch einen Revisor zu prüfen. Er muss analysieren, ob die Konditionen fair und marktüblich sind. Auch hier kann die Haftung der Gründer und des Revisors greifen, sollte sich die Werthaltigkeit drastisch vermindern. Damit sollen der Glauben in die Gründung und das Bestehen des Kapitals geschützt werden.

dd) Kapitalbeschaffung des Aktionärs

In vielen Fällen müssen die Aktionäre sich ihr Kapital zur Gründung der Gesellschaft zusammenkratzen. Darlehen von Verwandten, aufgestaute Steuerschulden, Kleinkredite etc. kumulieren sich finanziell. Wie der Aktionär oder Gesellschafter dasteht, spielt bei der Gründung der Gesellschaft keine Rolle, solange das Kapital der Gesellschaft zur Verfügung steht. Eine gesetzliche Vorschrift, wonach ein Gründer mindestens das Gesellschaftskapital als Vermögen besitzen muss, gibt es nicht.

ee) Verträge der Gesellschaft in Gründung

Oft besteht der Bedarf, vor der Gründung bereits Verträge für die Gesellschaft abzuschliessen. Die Garage AG in Gründung schliesst einen Mietvertrag ab, die Handels AG in Gründung kauft ein Fahrzeug, die Beratungs AG in Gründung schliesst Arbeitsverträge ab etc. Solche Verträge sind zulässig und üblich. In der Gründungsurkunde steht, dass das Kapital zur freien Verfügung der Gesellschaft ist, was nicht heisst, dass schon Verpflichtungen nicht eingegangen werden können und dürfen. Solange es Geschäfte mit Drittpersonen sind, sind diese Verträge in Gründung zulässig. Im Ergebnis kann es so sein, dass gar nicht mehr so viel Kapital frei zur Verfügung steht oder gar keines mehr.

ff) Verwendung der Gründungsliquidität

Bei Konzernen findet oft eine zentrale Verwaltung der Liquiditätsmittel statt. Das kann so weit gehen, dass die einzelnen Gesellschaften gar kein Bankkonto haben, sondern eine zentrale Bankverbindung als Zahlstelle dient. Eine andere Möglichkeit besteht darin, dass die Bank das Cashpooling als Service anbietet. Dabei bestehen verschiedene Bankkonten pro Gesellschaft, wobei die Bank alle Saldi konsolidiert betrachtet. Negative und positive Saldi gleichen sich ohne Zinspflicht aus. So kann es sein, dass aus diesem Cashpool Kapital zur Gründung einer Gesellschaft zur Verfügung gestellt wird und unmittelbar nach Gründung der Gesellschaft das Kapital dem Cashpool wieder zugeführt wird. Diese Darlehensverhältnisse sind zulässig, solange mit der Bonität die Zahlungsbereitschaft gewährt bleibt. Cashpooling ist praktisch und kosteneffizient. Im Falle der Swissair hat es die Nachteile offenbart. Bei Konkurs geht das Geld verloren bzw. es resultieren reine Forderungen der dritten Klasse.

Was für Konzerne möglich ist, muss auch für private Unternehmer gelten. Gesellschaftsrechtlich entscheidend ist die Zahlungsbereitschaft und Zahlungsfähigkeit. Problematisch wird es dann, wenn diese Bonität des Schuldners auf wackligen Beinen steht. Ist er solvent, ist die Gesellschaft nicht gefährdet. Gewisse Behörden kritisieren Darlehen an Aktionäre oder Gesellschafter nach Gründung einer Gesellschaft. Es kann jedoch nach Ansicht des Autors kein Unterschied sein, wann ein Aktionärsdarlehen gewährt wird. Entscheidend ist die Bonität und ob der Gesellschaft das wirtschaftliche Kapital zusteht. Das Obligationenrecht sieht verbis expressis Darlehen an Aktionäre als Anlagekategorie vor.

ff) Schwindelgründungen

Eine Privatperson hat 220 Gesellschaften in Serie gegründet (Urteil des Bundesgerichts 6B_748/2012 vom 13.06.2013), was als Schwindelgründung qualifiziert worden ist. Kernpunkt ist, dass der Gesellschaft bei der Gründung das Kapital wirtschaftlich nicht zur Verfügung stand.

gg) Gründung von Tochtergesellschaften

Eine neu gegründete Gesellschaft kann nach der Gründung eine Tochtergesellschaft gründen, und diese wiederum auch. Es gibt noch keine Beurteilung, ab wann solche Kaskadengründungen unzulässig sind. Das Beispiel zeigt, dass das Gründungskapital sehr rasch liquiditätsmässig der Gesellschaft nicht mehr zur Verfügung steht, was ein rechtlich zulässiger Vorgang ist. Entscheidend ist, ob die Kapitalverwendung dem Zweck der Gesellschaft folgt.

hh) Mantelhandel

Gesellschaften, welche nicht mehr gebraucht werden, werden liquidiert oder werden als sogenannter Mantel gehalten. Teilweise haben sie noch Geld und damit das formelle Kapital, oft sind sie leer und haben keine Geschäftstätigkeit mehr. Die Bilanz sieht in der Regel wie folgt aus (Beispiel AG):

Kontokorrent Gesellschafter: CHF 100 000

Kapital der Gesellschaft: CHF 100 000

Mit dem neuen Eigentümer ändern der Zweck und der Name und die Exekutivorgane (VR, GF). Die Mehrheit der Lehrmeinung vertritt die These, dass solche Handänderungen rechtsgültig sind. Einige wenige Handelsregister sehen darin ein nichtiges Geschäft und löschen die Gesellschaft von Amtes wegen. Das Bundesgerichtsurteil beurteilt Verträge über Mantelgesellschaften als nichtig. Der Gesetzgeber hat bislang keine ausdrückliche Regelung geschaffen, welche die Nichtigkeit des Mantelhandels wörtlich vorsieht. Deshalb obliegt es gemäss den bisherigen Gesetzen den Urkundspersonen und Handelsregisterämtern, einen Mantelhandel zu identifizieren und bei Anzeichen eines Mantelhandels die ersuchte Beurkundung und Eintragung im Handelsregister zu verweigern.

Bei der Handänderung ist darauf zu achten, dass der neue Eigentümer die Schuld gegenüber der Gesellschaft vertraglich übernimmt. Dazu bedarf es eines Schuldübernahmevertrages und einer Zustimmung der Gesellschaft zum neuen Schuldner. Ohne Schuldübernahme kann im Falle eines Konkurses der Gesellschaft die Konkursmasse auf den ehemaligen bzw. noch bestehenden Schuldner zurückgreifen und haftbar machen.

Steuerlich kann sich das Problem ergeben, dass die Gesellschaft bei bestehenden Verlustvorträgen mit dem Mantelhandel steuerbare Gewinne erzielt. Hat, als Beispiel, die Gesellschaft ein Kapital von 100 000 und alte Verluste von CHF 50 000, so wird steuerlich beim Mantelhandel das Kapital wieder hergestellt und wir kommen damit zur Bilanz wie oben dargestellt (Kontokorrent 100 000 und Kapital 100 000). Damit wird ein Gewinn von 50 000 realisiert, der mit Verlustvorträgen verrechnet werden kann. Sind diese älter als sieben Jahre, ist das nicht mehr möglich und es resultiert steuerbarer Gewinn. Daher empfiehlt es sich, mit der Steuerverwaltung ein Ruling zu machen. So oder so gehen alle Verlustvorträge bei einem Mantelhandel verloren.

ii) Zinspflicht: Kontokorrent Gesellschafter, Darlehen an Aktionäre

Darlehen an Aktionäre sind üblich und zulässig. Gesellschaftsrechtlich sind diese Darlehen explizit in der Gliederung der Bilanz vorgesehen. Die Darlehenszahlung ist ein legales Geschäft und die Gesellschaft hat Erträge mit den Zinsen. Steuerlich kann damit das zivilrechtliche Verbot der Einlagenrückgewähr verletzt werden. Der Revisor hat darauf hinzuweisen. Zivilrechtlich kann damit eine Schadenersatzpflicht gegenüber dem Aktionär ausgelöst werden.

Steuerlich gibt es dazu eine reichhaltige Praxis. Schulden führen zur Zinspflicht nach vorgegebenen Zinssätzen. Bestehen Darlehen und Gewinnvorträge, kann ein Darlehen als Gewinnausschüttung qualifiziert werden mit Verrechnungssteuerpflicht. Zu hohe gegebene Darlehen können als verdecktes Eigenkapital qualifiziert werden. Neuere Tendenzen gehen in die Richtung, dass nicht ordnungsgemäss verzinste Darlehen als verdeckte Gewinnausschüttung (Dividende) qualifiziert werden.

d) *Haftung*

- Haftung durch Verantwortlichkeitsklage bei Nichtausübung der unübertragbaren und unentziehbaren Aufgaben
- Haftbar sind alle Mitglieder des Verwaltungsrats
- Die aktienrechtliche Verantwortung ist rein persönlich
- Solidarität im Schadensfall
- Eine Organhaftpflichtversicherung ist für ein KMU eher unrealistisch

e) *Checkliste*

- ☐ Bin ich mir meiner Risiken bewusst?
- ☐ Besteht eine Versicherung für meine Risiken?

2. Risikobeurteilung

Die Riskobeurteilung gehört zu den wesentlichen Aufgaben des Verwaltungsrats. Sie ist hier aufgrund ihrer Bedeutung noch einmal kurz dargestellt.

a) *Risiko reduzieren*

- Zuständigkeitsordnung
- Teilnahme an Beschlussfassung
- Protokollierung

b) *Internes Kontrollsystem (IKS)*

- Internes Kontrollsystem (IKS)
  - Ziel des IKS
  - Kernelemente des IKS
- Risikomanagement/Risikobeurteilung
  - Neue gesetzliche Anforderungen

c) *Ziel des IKS*

- Das IKS erfüllt dann seinen Zweck, wenn es folgende Punkte sicherstellt:
  - die Zuverlässigkeit und Vollständigkeit der Buchführung und Rechnungslegung
  - eine zeitgerechte und verlässliche finanzielle Berichterstattung
  - eine ordnungsmässige Rechnungslegung

d) *Kernelemente des IKS*

Das interne Kontrollsystem ist eine umfassende Überprüfung der Abläufe und der daraus folgenden finanziellen Berichterstattung. Dazu gibt es umfassende Systeme, Beschriebe und Abläufe. Hier sei als Beispiel eine Position aus der Buchhaltung, die Debitoren, dargestellt. Für ein umfassendes IKS müssen alle Bilanzpositionen so verifiziert und plausibilisiert werden.

IKS	**Debitoren**	**Überschrift**
Kontrollumfeld	Mitarbeiter machen viele Fehler, auch der Lehrling bucht	Kontrollbewusstsein, Integrität, Kompetenzen, Verantwortlichkeit etc.
Risikobeurteilung	Hohe Debitorenverluste, kein Delkredere	Identifizierung, Bewertung und Bewältigung der wesentlichen Risiken
Kontrollaktivitäten	Keine Bonitätsprüfung, kein Mahnwesen	
Information & Kommunikation	Keine Debitorenbuchhaltung	Informationssystem, Buchführungssystem, Auslösung, Aufzeichnung, Verarbeitung etc.
Überwachung	Geschäftsleitung ist überrascht	Controlling, MIS, Verwaltungsrat, IKS-Beurteilung

3. Risikobeurteilung (als vereinfachtes Muster)

Finanzen					
Risiko	Beurteilung			Formulierung	Massnahmen zur Vermeidung
	tief	mittel	hoch		
Liquidität					
Budget-abweichungen					
Debitn					
Mahnwesen					
Bankkredit					
Darlehen					
Kapitalgeber					
Qualität					

Finanzen					
Risiko	Beurteilung			Formulierung	Massnahmen zur Vermeidung
	tief	mittel	hoch		
Investitionen					
Versicherungen					
Sachrisiken					
Elementarschäden					
EDV					
Serverunfall					
Backup					
Struktur Datenablage					
Ergonomie am Arbeitsplatz					

Finanzen					
Risiko	Beurteilung			Formulierung	Massnahmen zur Vermeidung
	tief	mittel	hoch		
Neukunden					
Kundenzufriedenheit					
Kundentreue					
Abhängigkeit von einem Kunden					
Abhängigkeit von Partnerschaften					
Lizenz-, Leasing-, Beraterverträge					
Konkurrenz					
Beteiligung					
Preisdruck					

Finanzen					
Risiko	Beurteilung			Formulierung	Massnahmen zur Vermeidung
	tief	mittel	hoch		
Arbeitsmarkt					
Entlöhnung					
Fluktuation					
Kostenrisiko					
Aus- und Weiterbildung					
Zuverlässigkeit, Loyalität					
Interne Kommunikation					
Auslastung					

4. Anforderungen an die Risikobeurteilung

a) *Allgemeines*

- Die Revisionsstelle prüft, ob die Erläuterung zur Risikobeurteilung im Anhang der Jahresrechnung ausreicht und mit entsprechenden Unterlagen dokumentiert ist
- Der Verwaltungsrat benötigt vom Management aufbereitete Informationen über die Risikoanlage

b) *Anforderungen an die Risikobeurteilung (Art. 961c OR)*

- Analyse und Beurteilung der Unternehmensrisiken
- Entwicklung eines Konzepts, das vor allem auch die inhaltliche Auseinandersetzung mit den Unternehmensrisiken beinhaltet
- Implementierung und Übergang zu einem kontinuierlichen Prozess

c) *Anforderung an das IKS (Art. 728a OR)*

- Es ist vorhanden und überprüfbar (d.h. dokumentiert)
- Es ist angepasst an die Geschäftsrisiken und den Umfang der Geschäftstätigkeit
- Es ist den Mitarbeitern bekannt
- Es wird angewendet und umgesetzt
- Es gibt ein Kontrollbewusstsein im Unternehmen

d) *Ziele der Gesetzgebung*

- Der Gesetzgeber will sicherstellen, dass die Risiken im Geschäftsumfeld regelmässig beobachtet und analysiert werden
- Allein die Aussage, man habe eine Risikobeurteilung durchgeführt und kenne die Risiken, genügt nicht
- Der Gesetzgeber erwartet eine inhaltliche Auseinandersetzung mit den Unternehmensrisiken: Risiken sind zu identifizieren, zu bewerten, durch Massnahmen zu steuern und periodisch zu überwachen

5. Exkurs: Finanzverantwortung

a) *Finanzverantwortung*

In diesen Kapitel wollen wir uns noch einmal näher und vertiefter und als Repetorium mit dem Thema Finanzen befassen.

Dem Reporting kommt dabei eine wichtige Bedeutung zu. Die regelmässige Berichterstattung sollte verschiedene Punkte aufnehmen. Dazu gehören ausserordentliche Ereignisse, welche einen erheblichen Einfluss haben können auf die Entwicklung des Unternehmens. Als ein weiteres Element in der regelmässigen Berichterstattung sollte die Geschäftspolitik dargestellt werden. Auch Informationen aus der Entwicklung im Unternehmensumfeld gehören dazu. Über die Investitionen und Desinvestitionen ist regelmässig zu berichten, dazu gehören Informationen zum Investitionsplan, zum Investitionsvolumen und zu den getätigten und noch nicht getätigten Investitionen.

Hauptthema der Berichterstattung bildet natürlich der Geschäftsgang während der letzten Berichtsperiode in Bezug auf das laufende Jahr, auf das Vorjahr, das Budget und Forecast. Neben diesen Finanzzahlen, welche einen Berichtsraum zum Inhalt haben, ist die aktuelle finanzielle Lage ein wesentliches Element. Wie viel Liquidität ist vorhanden, welche Liquiditätsreserven bestehen etc. Abschliessend sollte über die Personalpolitik, die Personalplanungen, den Personalbestand sowie die allgemeine personelle Entwicklung berichtet werden.

Aufgabe des Verwaltungsrats ist es, aus dem laufenden und zu erwartenden Forecast die Liquiditätspolitik zu definieren, welche die Investitions- und die Kapitalstrukturpolitik beeinflusst. Begleitet werden diese Parameter durch die Risikopolitik. Die Gewichtung dieser verschiedenen Parameter definiert den finanziellen Handlungsspielraum des Unternehmens.

Die Eigenkapitalquote ist ein wesentliches Merkmal der Kapitalstrukturpolitik. Sie ist auch entscheidend, wenn es darum geht zu beurteilen, wie gesund das Unternehmen dasteht.

Im Zusammenhang mit den Finanzen kommt dem Risikomanagement eine grosse Bedeutung zu. Der Verwaltungsrat hat die Risikoziele und Risikolimiten festzulegen und regelmässig auf ihre Gültigkeit hin zu überprüfen. So versteht es sich von selbst, dass der Verwaltungsrat die grössten Risiken des Unternehmens kennen muss und diese laufend im Auge behalten sollte. Zu dieser Risikobeurteilung gehört ein kontinuierlicher Prozess, welcher definiert sein muss und zu regelmässigen Berichterstattungen führen sollte. Oftmals werden solche Prozesse durch elektronische Datenverarbeitungssysteme unterstützt.

Zur Finanzverantwortung gehört auch eine gute Zusammenarbeit zwischen Verwaltungsrat und Revisionsstelle. Die Revisionsstelle prüft die Rechnungslegung und die Jahresrechnung des Unternehmens. In diesem Prüfprozess generiert das Wirtschaftsprüfungsunternehmen eine hohe Anzahl von Informationen, welche für den Verwaltungsrat wichtig sind. Aus diesem Grund sollte eine regelmässige Information erfolgen, dies im Rahmen der Zwischenprüfung während des Jahres und im Rahmen der Jahresprüfung. Unabdingbar ist eine Sitzung pro Jahr, an der der Verwaltungsrat ohne Mitglieder der Geschäftsführung mit der Revisionsstelle zusammenkommt. Auch wenn dies vielleicht lediglich förmlichen Charakter hat, ist es ein Gebot der Compliance, dass mindestens einmal pro Jahr ein unbeschwerter Dialog möglich sein muss. Neben der externen Revision gibt es bei grösseren Unternehmen teilweise auch interne Revisionen. Die interne Revisionsstelle ist dabei direkt dem Verwaltungsrat oder dem Audit Committee unterstellt. Es versteht sich hier von selbst, dass der periodische Informationsaustausch mit einer sehr hohen Kadenz erfolgt.

b) Checkliste

- ☐ Ist mir bewusst, dass die Zahlungsbereitschaft das wichtigste Element der Finanzen ist?
- ☐ Liquidität vor Umsatz und genügend Eigenkapital vor Rentabilität?
- ☐ Kenne ich die wichtigsten Finanzzahlen?
- ☐ Welcher Geschäftsvorfall könnte das Unternehmen am meisten treffen?

6. Der Verwaltungsrat in Krisenzeiten – die Überschuldung

Von Michael Hasler, Treuhänder mit Eidg. FA, Zugelassener Revisionsexperte RAB

Der Verwaltungsrat ist für die Aufsicht über das Unternehmen zuständig. Diese würdevolle Rolle wird zuallererst mit guter finanzieller Entschädigung in Verbindung gebracht, beinhaltet aber auch Risiken. Obwohl ursprünglich nur eine Haftpflicht der Gesellschaft vorgesehen war, hat die Rechtsprechung den Anwendungsbereich seit längerer Zeit auf die verantwortlichen Organe der Gesellschaft ausgedehnt. Diese Rechtsprechung wurde schliesslich vom Gesetz übernommen. Die Aufgaben und Pflichten des Verwaltungsrats sind im Art. 752 OR detailliert festgeschrieben (gelten auch für Organe einer GmbH oder Genossenschaft), daraus ergeben sich Haftungsrisiken aus eigenem Verhalten und Pflichtwidrigkeiten gemäss Art. 754 OR. Ein Verwaltungsrat haftet für jedes Verschulden, das heisst auch für leichte Fahrlässigkeit.

Wir möchten deshalb anhand der Überschuldung aufzeigen, welche potenziellen Risiken vermieden werden sollten und wie sich der Verwaltungsrat besonders in schwierigen Zeiten schützen sollte. Das Beispiel macht klar, dass eine Annahme eines Mandats als Verwaltungsrat aus Gefälligkeit oder weil damit leicht Geld zu verdienen wäre, nicht ratsam ist, denn der Verwaltungsrat haftet solidarisch. Jedes Mitglied kann für den vollen Schaden belangt werden. Die Geschädigten werden daher zuallererst das Geld dort einfordern, wo Vermögen vorhanden ist. Der Rückgriff auf die anderen Verwaltungsräte dürfte dann nur ein kleiner Trost sein.

Art. 725 OR verlangt vom Verwaltungsrat verschiedene, abgestufte Handlungen, falls seine Unternehmung in finanzielle Schwierigkeiten gerät. Der erste Absatz von Art. 725 OR betrifft den sogenannten Kapitalverlust. Dies ist der Fall, wenn unter Berücksichtigung des laufenden Verlustes das Eigenkapital auf weniger als die Hälfte des Aktienkapitals und der gesetzlichen Reserven sinkt. In diesem Falle muss der Verwaltungsrat unverzüglich Sanierungsmassnahmen einleiten, eine Generalversammlung einberufen und ihr die Sanierungsanträge zur Genehmigung vorlegen. Wenn klare Hinweise bestehen, dass der Kapitalverlust bereits unter dem Jahr eingetreten ist, hat der Verwaltungsrat eine Zwischenbilanz zu erstellen. Seine Bemühungen (Anträge an Generalversammlung, seine Überlegungen dazu sowie die von ihm schon selbst eingeleiteten Sanierungsmassnahmen) sollten dokumentiert werden. Als Sanierungsmassnahmen kommen operative Massnahmen, die zu einer Verbesserung der Ertragslage führen, und bilanzmässige Massnahmen, wie Kapitalerhöhungen und Herabsetzungen, Forderungsverzichte etc., infrage. Im neuen Aktienrecht wird die in der Praxis bereits gelebte Pflicht des Verwaltungsrats, die Zahlungsfähigkeit der Gesellschaft zu überwachen und sicherzustellen, explizit im Gesetz festgehalten.

Sollten diese Massnahmen nichts fruchten, kommt man dann fast zwangsläufig zum zweiten Absatz von Art. 725 OR, dieser betrifft die Überschuldung. Dies ist der Fall, wenn das Fremdkapital weder zu Fortführungs- noch zu Liquidationswerten (Verkaufswert) durch die vorhandenen Aktiven gedeckt ist. Buchmässig übersteigen dann die verbuchten Verluste das noch vorhandene Aktienkapital und alle Reserven (verbürgte Covid-19-Kredite bis 0.5 Mio. CHF werden während der ganzen Laufzeit für die Berechnung der Überschuldung als Eigenkapital betrachtet). Bestehen naheliegende und ernsthafte Hinweise auf eine Überschuldung, so hat der Verwaltungsrat schon während des laufenden Jahres einen Zwischenabschluss zu erstellen. Diesen Zwischenabschluss muss er zwingend der Revisionsstelle zur Prüfung vorlegen. Bei einem Opting-out muss ein externer, offiziell zugelassener Revisor mit der Prüfung beauftragt werden. Diese Regelung soll die Beschönigung des Abschlusses durch den Verwaltungsrat verhindern. Damit hier der Verwaltungsrat rechtzeitig reagieren kann, muss er also schon vorher seine Verantwortlichkeit für die Ausgestaltung des Rechnungswesens, der Finanzkontrolle und der Finanzplanung wahrgenommen haben und dafür gesorgt haben, dass die Zahlen auch aktuell und aussagekräftig sind.

Bestätigt die Prüfung des Revisors eine Überschuldung zu Fortführungs- und zu Liquidationswerten oder ist die Fortführung des Betriebes wegen fehlender Liquidität gar nicht mehr möglich und besteht zudem eine Überschuldung zu Liquidationswerten, so hat der Verwaltungsrat den Richter zu benachrichtigen. Dazu muss er einen formellen Verwaltungsratsbeschluss erlassen. Verwaltungsräte neigen in dieser Situation oft dazu, den Revisor als Totengräber des mit viel Schweiss aufgebauten Unternehmens zu sehen. Dass der Revisor als Organ der Gesellschaft hier auch haftet, geht dabei vergessen. Wenn der Verwaltungsrat bei offensichtlicher Überschuldung untätig bleibt, hat der Revisor die gesetzliche Pflicht, selber den Richter zu benachrichtigen.

Auf die Benachrichtigung des Richters kann gemäss Art. 725 Abs. 2 OR verzichtet werden, wenn Gesellschaftsgläubiger einen Rangrücktritt auf ihre Forderungen aussprechen, der insgesamt die Unterdeckung des Eigenkapitals verhindert. Dies dürfte aber nur dann möglich sein, wenn es sich bei diesen Gläubigern um nahestehende Personen handelt.

Da der Gesetzestext ausdrücklich die Pflicht zur Prüfung der Zwischenbilanz festhält, verlangen einige Gerichte zwingend einen Bericht des Revisors, um tätig zu werden. In der Praxis genügt meist ein Schreiben des Revisors, dass auch ohne vertiefte Prüfung eine offensichtliche Überschuldung vorliegt. So können auch im Sinne der Gläubiger Zeit und Kosten gespart werden.

Die Gerichte haben zwar mehrfach bestätigt, dass mit der unverzüglichen Anzeige zugewartet werden darf, wenn konkrete Aussichten auf Sanierung bestehen. Genannt wird eine Frist von maximal vier bis sechs Wochen. Wir empfehlen aber eine sofortige Anzeige, denn mit der Benachrichtigung des Richters hat der Verwaltungsrat seine Pflicht erfüllt und kann die weitere Entscheidung dem Richter überlassen. Eine verspätete Benachrichtigung des Richters kann für den Verwaltungsrat zu haftpflichtrechtlichen Problemen führen, wenn sich in dieser Zeit der Fortführungsschaden vergrössert. Der Verwaltungsrat kann mit der Anzeige auch den Antrag auf Nachlassstundung (Art. 293 ff. SchKG) oder einen Konkursaufschub (Art. 752a OR) stellen, dann muss der Richter die Aussichten auf eine Sanierung beurteilen.

Neben dem Fortführungsschaden wegen verspäteter Anzeige kann der Verwaltungsrat bei Pflichtverletzung für Folgendes persönlich haftbar gemacht werden:

- Sozialversicherungsbeiträge, z.B. AHV-Beiträge
- Verschiedene Steuergesetze, z.B. Verrechnungssteuer, Mehrwertsteuer, Direkte Bundessteuer
- Beiträge an die Pensionskasse

Zusätzlich könnte es wegen ungetreuer Geschäftsführung oder Konkursverschleppung auch zu Strafanzeigen kommen.

Frühzeitiges Reagieren bei einer sich abzeichnenden Krisensituation erleichtert Sanierungsmassnahmen und fördert eine nachhaltig positive Entwicklung.

VIII. ERGÄNZENDE VR-THEMEN

1. PLANUNG NOTFALL

Welche Massnahmen sind in einem Notfall vorsorglich zu treffen?

a) Medizinischer Notfall

Auch als Jurist poppt dieser Notfall zuerst auf, wenn es um unsere Gesundheit geht. Vorsorglich sollten die allgemeinen vorbeugenden Massnahmen getroffen werden. Gesunde und ausgewogene Ernährung, genügend Flüssigkeit zu sich nehmen, regelmässige Bewegung wie Gehen und Schwimmen, genügend Schlaf und Mässigung gegenüber Alkohol und Vermeidung von Tabak. Ebenso sehr ist ein Zehnstundenarbeitstag mit anschliessendem zweistündigen Intensivtraining der Gesundheit nicht förderlich.

Auf die Reise gehört eine Reiseapotheke, der Versicherungsausweis und bei fernen Reisen Bargeld.

b) Vorsorgeauftrag

Es empfiehlt sich, im Fall der Handlungsunfähigkeit einen Vorsorgeauftrag zu erstellen. Die Form richtet sich nach den Vorschriften des Testamentes. Der Inhalt legt fest, wer sich in diesem Fall um das Vermögen kümmern soll. Der Auftrag kann ausführlich sein oder kurz.

Hier eine Kurzversion:

Vorsorgeauftrag

Ich, Bernhard Madörin, erkläre:

1. Für den Fall meiner Urteilsunfähigkeit beauftrage ich in der Reihenfolge ihrer Aufzählung folgende Personen mit meiner Personen- und Vermögenssorge und der damit zusammenhängenden Vertretung im Rechtsverkehr:

   a) Meine Ehefrau Pascale Madörin

   b) Im Falle ihrer Verhinderung meine Tochter Anouk Madörin

2. Der Vorsorgeauftrag und die damit zusammenhängende Vertretung im Rechtsverkehr gilt in jeder Beziehung umfassend.

Basel, dem 02. Juni 2022 (Unterschrift) B. Madörin

c) Verfügungen auf den Tod hin

Hier sollte man handeln Kraft des vollen Bewusstseins. Bei verheirateten Paaren empfiehlt sich ein Ehe- und Erbvertrag. Ein Testament regelt Individuelles. Solche Dokumente sollten beim Erbschaftsamt deponiert werden.

d) Im Falle meiner Handlungsunfähigkeit

In vielen Familien oder Haushalten kümmert sich oft eine Person um die Finanzen. Damit hier die Handlungsfähigkeit erhalten bleibt, empfiehlt sich eine Liste mit allgemeinen Informationen über den Standort von Akten und Daten zu erstellen. Dazu gehören Bankdaten, Ansprechpartner von Banken und Versicherungen etc. Auch sind Angaben sinnvoll, an wen man sich vertrauensvoll wenden kann und welchen Personen man mit Vorsicht begegnen sollte. Dieses Dokument sollte regelmässig gelesen und angepasst werden. Periodisch ist dieses mit dem Partner, dem Ehegatten oder mit anderen Familienmitgliedern zu besprechen. Es geht nicht darum, dass anderen Personen zum Unternehmer oder Verwaltungsrat werden, sondern darum zu wissen was zu tun ist und an wen man sich vertrauensvoll wenden kann.

e) Vermögensaufstellung

Eine Vermögensübersicht und ein Versicherungsordner sind hilfreich für notwendige Handlungen, für die handelnde Person und im Fall der Fälle für den Vertreter. Achtung: bei verheirateten Personen werden Bankkonti des Ehepartners blockiert bis zur Erbteilung. Eine Geldreserve für den Ehepartner sollte immer bereit sein.

f) Schenkungen

Sind Sie in der Lage, über Vermögen zu verfügen, empfehlen sich Schenkungen zu Lebzeiten. Sie bereiten deutlich mehr Freude als Legate und Erbschaften.

g) Todesfall

Auch das sei erwähnt. Angaben über Wünsche und Orte und Wege der Abdankung sind ab einem gewissen Jahrgang sinnvoll zu formulieren.

h) Patientenverfügung und Organspenderausweis

Beim Hausarzt sollte eine Patientenverfügung deponiert sein. Was sind die Wünsche an medizinischen Handlungen im Notfall. Im Fall der Fälle: Die Wartezeiten für Organspenden sind lang und hier kann geholfen werden durch eine Organspendebereitschaft im Todesfall.

2. Meldepflicht und Bewilligungspflicht von ausländischen Verwaltungsratsmitgliedern und Stiftungsräten

Dieser Artikel behandelt die Meldepflicht und Bewilligungspflicht von ausländischen Verwaltungsratsmitgliedern von Schweizer Aktiengesellschaften bei Anwesenheit an einer Verwaltungsratssitzung in der Schweiz sowie von Stiftungsräten von Schweizer Stiftungen.

Ausländische Verwaltungsratsmitglieder, welche mehr als acht Tage pro Jahr in der Schweiz für ein Unternehmen tätig sind, müssen die Vorschriften des Meldeverfahrens einhalten. Bei einem wirtschaftlich bedeutenden Unternehmen gibt es rasch einmal 4–6 ein bis zweitägige Verwaltungsratssitzungen, allenfalls mit zusätzlichen Ausschusssitzungen. Damit kann die Karenzfrist von acht Arbeitstagen überschritten werden, womit das Unternehmen für seine Verwaltungsratsmitglieder entsprechende Meldungen erbringen oder Bewilligungen einholen muss. Für Verwaltungsratsmitglieder, welche nicht aus der EU stammen, sind schon früher Bewilligungen nötig.

Die Schweiz hat, wie die meisten Länder der Welt, die Arbeitstätigkeit von ausländischen Arbeitnehmern in der Schweiz reglementiert. Dazu zählen unilaterale und bilaterale Verträge, insbesondere die Verträge mit der Europäischen Union. 343 000 Grenzgängerinnen und Grenzgänger wurden 2020 in der Schweiz gezählt. Basel-Stadt verzeichnet derzeit knapp 37 000 Grenzgänger. Die Bedeutung für die Wirtschaft ist enorm.

Das Freizügigkeitsabkommen (FZA) zwischen der Schweiz und der EU regelt die grenzüberschreitende Dienstleistungserbringung (Entsandte oder Selbstständige). Bis zu 90 effektiven Arbeitstagen pro Kalenderjahr besteht eine umfassende Liberalisierung. Es bedarf keiner Bewilligung, es besteht lediglich eine Meldepflicht. Die 90 Arbeitstage pro Kalenderjahr beziehen sich sowohl auf das Entsendeunternehmen als auch auf die entsandte Person.

Folgende Personen können während einer Dauer von höchstens drei Monaten oder 90 Tagen innerhalb eines Kalenderjahrs im Rahmen des Meldeverfahrens eine Erwerbstätigkeit in der Schweiz ausüben:

- Staatsangehörige der EU-27/EFTA, die in der Schweiz eine auf drei Monate befristete Stelle antreten

- Entsandte Arbeitnehmende eines Unternehmens mit Sitz in der EU-27/EFTA, unabhängig von ihrer Staatsangehörigkeit. Drittstaatsangehörige müssen vor der Entsendung in die Schweiz bereits dauerhaft auf dem regulären Arbeitsmarkt in einem Mitgliedstaat der EU oder der EFTA zugelassen worden sein (d. h. seit mindestens
- zwölf Monaten im Besitz einer Aufenthaltskarte oder einer Daueraufenthaltskarte sein)
- Selbstständige Dienstleistungserbringende (Staatsangehörige der EU-27/EFTA) mit Sitz in einem Mitgliedstaat der EU-27/EFTA

Bei allen anderen Personen kommt das Meldeverfahren nicht zur Anwendung.

Für eine Dienstleistungserbringung über 90 Tage pro Kalenderjahr ist eine Arbeitsbewilligung erforderlich. Es besteht kein Rechtsanspruch.

a) Acht meldefreie Tage

Die Tätigkeit der entsandten Arbeitnehmenden und der selbstständigen Dienstleistungserbringenden ist meldepflichtig, wenn sie innerhalb eines Kalenderjahrs insgesamt mehr als acht Tage dauert. Bei gewissen Branchen existiert diese Karenzfrist nicht (z.B. Erotikgewerbe).

b) Meldefrist von acht Tagen (vor Beginn der Arbeit in der Schweiz)

Die Tätigkeit von entsandten Arbeitnehmenden und selbstständig Erwerbstätigen ist mindestens acht Tage vor dem vorgesehenen Beginn der Arbeiten in der Schweiz zu melden. Nur in klar definierten Notfällen (Reparaturen, Unfällen, Naturkatastrophen oder anderen nicht vorhersehbaren Ereignissen) kann die Arbeit vor der achttägigen Meldefrist ausgenommen werden.

Quelle: Meldeverfahren für kurzfristige Erwerbstätigkeit, mit teilweiser Wiedergabe dieser Ausführungen.

https://www.sem.admin.ch/sem/de/home/themen/fza_schweiz-eu-efta/meldeverfahren.html

Aufgerufen 18.07.2022

c) *Meldung ab erstem Tag*

Für Nicht-EU-Länder gilt die Bewilligungspflicht ab erstem Tag. Die Tätigkeit als Verwaltungsrat oder Stiftungsrat gilt als Erwerbstätigkeit bei einem schweizerischen Arbeitgeber. Es handelt sich bei der Tätigkeit nicht nur um eine Geschäftsbesprechung von kurzer Dauer, sondern um eine Erwerbstätigkeit, die ab dem 1. Tag bewilligungspflichtig ist. Die Gesellschaft kann und muss eine entsprechende Bewilligung beantragen.

d) *Ehrenamtliche Stiftungsratstätigkeit*

Der Begriff der Erwerbstätigkeit (unselbstständige und selbständige Erwerbststätigkeit sowie grenzüberschreitende Dienstleistungserbringung) wird im Interesse einer kontrollierten Zulassungspolitik für Arbeitskräfte aus Drittstaaten möglichst weit gefasst. Danach ist eine selbstständige oder unselbstständige Tätigkeit immer dann als Erwerbstätigkeit im Sinne von Art. 11 Abs. 2 AuG und Art. 1–3 VZAE zu betrachten, wenn sie in der Regel entgeltlich ausgeübt wird. Dabei ist es jedoch unerheblich, ob die Tätigkeit im konkreten Fall vollständig unentgeltlich geschieht oder ob eine geringfügige Entschädigung ausgerichtet wird, die nur zur Deckung der nötigsten Lebensbedürfnisse (Essen, Unterkunft) ausreicht.

e) *Fazit*

Ein internationales Boardmeeting führt rasch einmal zu notwendigen Bewilligungen!

3. Überraschung bei internationalen Arbeitsverhältnissen im Sozialversicherungsrecht

Neue Regelungen mit viel Unerwartetem: Die Neuordnung bringt eine vollkommene Änderung der Sozialversicherungen. Nicht mehr der Arbeitgeber ist bestimmend, sondern der Arbeitnehmer. Dies führt dazu, dass, als Beispiel, deutsche Unternehmer mit Tätigkeit als VR in einem schweizerischen Unternehmen mit ihrem gesamten Einkommen der unbeschränkten schweizerischen Sozialversicherungspflicht unterliegen. Dies führt aber auch zu einer notwendigen Sensibilität, ansonsten Verwaltungsräte für falsch abgeführte Sozialversicherungen in die Haftung genommen werden können.

Der Schreibende durfte für den Arbeitgeberverband Basel zusammen mit lic. Iur. Marc Borer, Trinationale Beratungsstelle Infobest Palmrain, ein Seminar abhalten mit dem Thema „Grenzüberschreitende Arbeitsverhältnisse: Sozialversicherungs- und steuerrechtliche Aspekte". Das Seminar erhielt grossen Zulauf und wurde mehrere Male abgehalten. Hier dargestellt werden die sozialversicherungsrechtlichen Aspekte. Ein Teil des Inhaltes stammt vom Seminar (dient zugleich als Quellenhinweis).

a) Das Prinzip der Zuordnung

Ein Land, ein Vorsorgesystem. Mit diesem Grundsatz ist das Sozialversicherungssystem bei internationalen Verhältnissen vollkommen neu orientiert. Man spricht dabei von der öffentlich-rechtlichen Anknüpfung im internationalen Sozialversicherungsrecht.

Es sieht ganz unscheinbar aus. Es handelt sich um folgende Normen:

- VO (EU) Nr. 883/2004 (SR 0.831.109.268.1)
- VO (EU) Nr. 987/2009 (SR 0.831.109.268.11)

sowie das Freizügigkeitsabkommen CH/EU (FZA) (SR 0.142.112.681)

Koordination, nicht Vereinheitlichung ist das Ziel. Jedes Land behält Struktur, Art und Umfang der Beiträge und der Leistungen. Mit der Zuordnung des massgebenden Landes hat es Geltung für alle gesetzlichen Regelungen über den Sozialversicherungsschutz, ein Land und ein System. Diese Ordnung ersetzt die bestehenden zwischenstaatlichen Abkommen der Schweiz mit den EU-Ländern, natürlich nicht mit den Nicht-EU-

Ländern. Das Landesrecht gilt immer nur unter und nach Massgabe des internationalen Rechts, womit das Primat des Völkerrechts gilt.

Die systematische Durchsetzung der Zuordnung hat sich noch nicht durchgesetzt. Währenddem bei den Steuerhoheiten seit rund 100 Jahren internationale Abkommen zur Vermeidung der Doppelbesteuerung bestehen und praktiziert werden, ist dies bei den Sozialversicherungen eine neue Disziplin. Die grossen Fälle stehen erst an, wenn z.B. bei einer grossen Firma mit einigen Tausend Mitarbeitern festgestellt wird, dass 15 Prozent der Belegschaft, z.B. 20 Prozent der Grenzgänger mit Homeoffice, nicht der schweizerischen, sondern der französischen Sozialgesetzgebung unterliegen!

b) Der Normalfall „Grenzgänger"

Staatsangehörige der Schweiz oder eines EU-Staates, die nur in einem Staat erwerbstätig sind, unterstehen dem Sozialversicherungssystem dieses Staates (Erwerbsortprinzip), wie bisher. Dazu ein klassisches Beispiel: Der Grenzgänger, welcher in Frankreich wohnt und in Basel arbeitet, zahlt über seinen Schweizer Arbeitgeber in die schweizerischen Systeme der sozialen Absicherung ein (AHV, PK, ALV, UV, anders aber KV). Der Schweizer Arbeitgeber rechnet mit den ihm bekannten Trägern und Kassen ab. An diesem wohlbekannten Fall ändert sich nichts.

c) 25%-Regel

Die Definition des Begriffs „Erwerbsort" ist der Ort der effektiven Ausübung der Tätigkeit („wo die Arbeit konkret/physisch geleistet wird"). Daraus folgt die Konsequenz, dass Arbeit von zu Hause aus („Homeoffice") gilt als im Wohnland geleistet, unabhängig vom Sitz des Arbeitgebers oder dem des Arbeitsverhältnisses zugrunde liegenden Arbeitsrechts. Daraus ergeben sich Probleme, was nachfolgend aufgezeigt wird. Das Problemfeld ist die Mehrfachbeschäftigung. Staatsangehörige der Schweiz oder eines EU-Staates, die Erwerbstätigkeiten gleichzeitig in mehreren Staaten (Schweiz und EU) ausüben (darunter der Wohnsitzstaat), sind grundsätzlich dem Sozialversicherungssystem des Wohnsitzstaates unterstellt. Diese Zuordnung gilt für alle Erwerbsverhältnisse. Ausnahme: Die Erwerbstätigkeit im Wohnland stellt keinen „wesentlichen Teil" dar; „wesentlich" = mindestens 25 Prozent des gesamten Arbeitsvolumens. Daraus resultiert: Ein Grenzgänger, der zu mehr als 25 Prozent in

Frankreich arbeitet, unterliegt den französischen Sozialnormen. Das kann der Fall sein, wenn er einen Tag pro Woche zu Hause arbeitet (= 20 %) und zusätzlich pro Monat zwei Tage in Frankreich für französische Kunden arbeitet (= 0,44 Tage pro Woche und damit mehr als 25 %). Das geht relativ rasch und führt zu einem neu zuständigen Sozialversicherungsland.

d) Weitere Zuordnungsregeln

Staatsangehörige der Schweiz oder eines EU-Staates, die gleichzeitig eine Tätigkeit im Angestellten- und Selbstständigenverhältnis in verschiedenen Staaten (Schweiz und EU) ausüben, sind den Rechtsvorschriften des Staates unterstellt, in welchem die Person eine Angestelltenfunktion ausübt.

Staatsangehörige der Schweiz oder eines EU-Staates, die für mehrere Arbeitgeber arbeiten, von denen mindestens zwei ihren Sitz in verschiedenen Staaten (Schweiz und EU) ausserhalb des Wohnsitzstaates haben, sind den Rechtsvorschriften des Wohnsitzstaates unterstellt, auch wenn sie keinen wesentlichen Teil ihrer Erwerbstätigkeit dort ausüben.

Ein paar Praxisfälle:

- 80 %-Anstellung in CH + 1 Tag pro Woche Arbeit im Wohnland. Ein Tag entspricht 20 %, somit Arbeitgeberland.
- 60%-Anstellung in CH + 1–2 Tage pro Woche Arbeit im Wohnland. Ein Tag entspricht mehr als 25 %, somit Wohnsitzland.
- 50%-Anstellung in CH + 50 % selbstständige Tätigkeit im Wohnland. Arbeitnehmerland geht vor, somit Arbeitgeberland.
- 20%-Anstellung in CH + 80 % selbständige Tätigkeit im Wohnland. Arbeitnehmerland geht vor, somit Arbeitgeberland.
- 50%-Anstellung in CH + 50 % Anstellung in D, MA wohnt in F. Klärung der Zuteilung ist notwendig.
- 100%-Anstellung in CH, davon 2 Tage pro Woche vom Homeoffice aus. Die zwei Tage entsprechen mehr als 25 %, Wohnland geht vor.

e) Konfrontation und Überschneidungen

Geringfügige Nebentätigkeiten (unter 5% des Gesamtpensums oder weniger als 2h/Woche) werden nicht berücksichtigt. Allerdings ist dies eine

Praxisvorgabe, und keine gesetzliche, womit Konfrontationen in der Anknüpfung möglich sind.

Wenn der Arbeitnehmers dem Versicherungssystem des Wohnlandes unterstellt ist, müssen sämtliche Sozialabgaben nicht über die CH-Ausgleichskasse, sondern über den zuständigen Träger im Wohnland des Arbeitnehmers abgerechnet werden.

Achtung: Es gilt das Sozialversicherungsrecht des Wohnlandes! (□ Art, Höhe der Beiträge)

Ansprechpartner im Ausland kontaktieren (AG)

Deutschland: gesetzliche Krankenversicherung (□ Abteilung für Firmenkunden)

Frankreich: URSSAF (www.urssaf.fr). Entspricht der Ausgleichskasse in der Schweiz und ist zuständig für die Abrechnung der Sozialversicherungsbeiträge in Frankreich.

Hier liegt denn auch die Krux dieser Regelung. Während die meisten europäischen Sozialversicherungen zwar höhere Prozentsätze kennen als die Schweiz, haben diese doch eine Limite bei 60–70 000 Euro, während die schweizerischen Sozialversicherungen, insbesondere AHV, keine Limite kennen. Wenn so, als Beispiel, ein deutscher Unternehmer, der nach deutschem Sozialversicherungsrecht als Selbstständiger keiner Sozialversicherung unterliegt, diese selbst organisieren muss, so wird er durch eine schweizerische Verwaltungsratstätigkeit neu in der Schweiz sozialversicherungspflichtig. Obwohl er in Deutschland bei seinen Gesellschaften angestellt ist, qualifiziert Deutschland diese Tätigkeit als Selbstständigkeit. Die Schweiz übernimmt diese Qualifikation und sendet für das ganze Bruttoeinkommen eine Sozialbetragsrechnung. Das kann teuer zu stehen kommen.

f) Kein Schutz über Vertragsvorgaben

Arbeitsverträge können zwar vorsehen, dass der Arbeitnehmer jede weitere Arbeitstätigkeit melden muss, was jedoch an der zwingenden öffentlich-rechtlichen Vorgabe nichts ändert. Wenn also jemand zu 80 Prozent für eine schweizerische Firma arbeitet, und dann stellt sich heraus, dass der Arbeitnehmer Samstag und Sonntag im Restaurant des Bruders aushilft, ist der Konflikt da.

g) Fazit

Die Anknüpfung der internationalen Sozialversicherung ist ein komplexer Prozess und eine frühzeitige und vorsichtige Planung vereinfacht vieles und verhindert Überraschungen.

4. Das neue Rechnungslegungsrecht als Steuerkatalysator

In diesem Teil wird die geänderte Rechnungslegung unter steuerlichen Gesichtspunkten analysiert. Dazu ist es auch erforderlich, den Anhang in die Diskussion mit einzubeziehen. Anhang, Rechnungslegung und steuerlicher Abschluss sind ein notwendiges Gefüge.

95 Prozent der Steuerentscheide gehen zulasten der Steuerpflichtigen, beim Bundesgericht sind es 90 Prozent. Dies geht nicht zurück auf eine formell oder materiell schlechte Ausgangslage der Steuerpflichtigen, sondern ist ein systemimmanenter Mangel des Steuerverfahrens und des Verfahrens vor den Steuergerichten. Alle Behördenmitglieder der Verwaltung und der Gerichte sind Staatsangestellte und grundsätzlich staatsfreundlich orientiert. Das neue Rechnungslegungsrecht wird an dieser Ausgangslage nichts ändern und trotz hehrer proklamierter Steuerneutralität abgabenerhöhend wirken.

a) Einführung

Das Gesetz ist per 01.01.2013 in Kraft getreten. Die Normen zur Rechnungslegung sind nach wie vor aktuell.

Wichtige Punkte der Neuerung: Buchführung und Rechnungslegung sind auch in einer anderen Währung als CHF möglich, die Gliederung der Bilanz und Erfolgsrechnung ist leicht angepasst, Aktivierbarkeit von Vermögenswerten und neue Bewertungsvorschriften, hier insbesondere der Einzelbewertung. Die Rechnungslegung erfolgt in einer der Landessprachen oder in Englisch (very good).

b) Die Massgeblichkeit

Die Wissenschaft bedient sich gerne des Massgeblichkeitsprinzips. Es sagt aus, dass der Geschäftsabschluss erstellt nach den Rechnungslegungsnormen des Obligationenrechts auch für die Festlegung der Gewinnsteuer massgebend ist, bzw. sein soll. Was handelsrechtlich zulässig ist, bildet die Besteuerungsgrundlage, verbunden mit der Bedingung der buchhalterischen Erfassung. Damit ist der Gewinnausweis nach OR der Gewinnausweis nach Steuerrecht.

Stark relativiert wird dieser Grundsatz durch die kantonalen und eidgenössischen Steuergesetze und deren Wegleitungen und Kreisschreiben für die Anwendung. Als Praktiker bin ich für die Erstellung von knapp 500 Bilanzen pro Jahr verantwortlich und diese Bilanzen haben sich nach der gesetzlichen Rechnungslegung aber auch immer nach den kantonalen Steuergesetzen orientiert. Allen voran die Abschreibungen auf dem Anlagevermögen divergieren je nach Kanton. In einem Kanton ist eine Sofortabschreibung von 100 Prozent möglich, in einem anderen von 80 Prozent im ersten Jahr, im zweiten bis vierten Jahr 0 Prozent und im fünften Jahr die verbleibenden 20 Prozent, im nächsten Kanton sind eher lineare Abschreibungen gewünscht und in einem anderen progressive (auch degressive) erwünscht, erlaubt, geduldet. Massgeblich sind die Vorschriften des kantonalen Steuerrechts und die Vorschriften des Zivilrechts sind pervertiert und übernehmen ohne Not die Massgeblichkeit der Steuervorschriften. Gerade die Sofortabschreibung dürfte einer „true and fair view“ widersprechen und im Lichte der IFRS-Rezeption Schatten bilden. Wo bleibt die Massgeblichkeit, wenn eine Liegenschaft in einem Kanton eine Lebensdauer von 30 Jahren hat, in einem anderen von 40, in einem Dritten von 20, wobei das Land nicht abgeschrieben werden kann, oder dann doch mit reduzierten Abschreibungssätzen auf der ganzen Position? Und dann noch die zahlreichen individuellen Wünsche der Steuerveranlager, welche Einfluss haben auf die Bilanzierung des Umlaufvermögens und des Anlagevermögens. Den Kanon der Steuerbilanzierung runden Rulings ab, welche den Gewinnausweis festlegen kraft individueller Vereinbarungen.

c) Massgeblich ist und war das Steuerrecht bei der Massgeblichkeit

Während in der theoretischen Welt der Experten der Rechnungslegung eine klare Vorstellung über die Bilanz und Erfolgsrechnung des schweizerischen Zivilrechts herrscht, beginnt die Erosion dieser Rechtsüberzeugung sofort und unmittelbar in den Bedürfnissen der Steuerverwaltung. Die Berufung auf die Massgeblichkeit folgt dieser zentralen Aussage. Beruft sich die Steuerverwaltung auf die Massgeblichkeit, wird sie gewährt und der Gewinnausweis korrigiert. Umgekehrt ist dann die Massgeblichkeit nicht so massgeblich und die Beurteilung der Steuerverwaltung obsiegt.

Fazit: Die Massgeblichkeit wurde bis jetzt als hehrer Grundsatz des Rechnungslegungsrechts verstanden und hat so Eingang in den Kanon der Rechtsüberzeugung gewonnen. Tatsächlich dominieren im Einzelfall die Vorschriften der Steuerverwaltung.

d) Die neue Massgeblichkeit im neuen Rechnungslegungsrecht

Nach Art. 958 OR soll die Rechnungslegung die wirtschaftliche Lage des Unternehmens so darstellen, dass sich Dritte ein zuverlässiges Urteil bilden können. Die „fair presentation" gewinnt damit den neuen tragenden Massstab. Demgegenüber die Materialien und die Botschaft, welche immer und immer wieder betonen, dass die Einführung des neuen Rechnungslegungsgesetzes steuerneutral sein soll.

Es gibt ein paar Rechtswohltaten der Steuerpraxis, welche den Gewinnausweis markant reduzieren; Warenlagerdrittel, Delkredere, Sofortabschreibung; um die wichtigsten zu nennen. Diese sind mit den Grundsätzen einer „fair presentation" nicht in Einklang zu bringen. Gewisse Autoren sprechen deshalb schon davon, dass das Massgeblichkeitsprinzip ausgedient haben soll, allerdings nicht bis in letzter Konsequenz.

Auf dem Warenlager, ermittelt nach den Normen der Rechnungslegung und deren verschiedenen Methoden (FiFo, LiFo etc.), erlaubt die Praxis der Steuerverwaltung die Bildung eines Warenlagerdrittels. Somit kann ein Warenlager zu einem Verkehrswert von CHF 9 Mio. zu 6 Mio. bilanziert werden (als Beispiel). Um CHF 3 Mio. kann der Warenaufwand erhöht werden. Eine angenehme Rechtswohltat der Steuerpraxis. Sollte die Bildung im ersten Jahr nicht möglich sein, so kann diese Reserveposition sukzessive aufgebaut werden. Es ist selbsterklärend, dass damit der steuerbare Gewinn erheblich reduziert wird, damit wird aber auch der Gewinn der identischen Handelsbilanz gekürzt und entspricht nicht mehr der „fair presentation". Der sukzessive Aufbau des Warenlagerdrittels dürfte auch das Prinzip der Stetigkeit verletzen, wenn es unregelmässig aufgebaut wird oder wenn eine Maximalgrösse erreicht ist.

Eine weitere Rechtswohltat der Steuerpraxis zeigt uns die Gewährung eines pauschalen Delkrederes auf Debitoren. Gewährt werden 5 Prozent auf Debitoren in CHF, 10 Prozent auf ausländische Debitoren und 15% auf ausländische Debitoren in Fremdwährung, mit kantonalen Besonderheiten. Meistens wird diese pauschale Wertberichtigung gewährt auf dem Nettobetrag der Debitoren nach Abzug der effektiv gefährdeten Debitoren. Auch hier handelt es sich um die Bildung einer stillen Reserve, welche der „true and fair view" widerspricht.

Beteiligungen, steuerliche Abschreibungssätze, Delkredere und Warenlagerdrittel sind die wichtigsten Bilanzpositionen innerhalb einer Jahresrechnung, welche aufgrund der steuerlichen Rahmenbedingungen zu einer

Abweichung der „fair presentation" führt. Sie sollen gemäss den Erläuterungen des Bundesrates erhalten bleiben. Im Gesetz ist dies nicht erwähnt und auch die Übergangsbestimmungen erklären nichts zu dieser Problematik.

Weitere Öse von Steuerrecht zu „fair presentation" ist die neu geforderte Bilanzierung, somit Aktivierung, von noch nicht in Rechnung gestellten Dienstleistungen. Bisher war diese Bilanzposition bei KMU im Dienstleistungsbereich selten zu sehen. Üblich war und ist es, die per Geschäftsjahr in Rechnung gestellten Debitoren zu erfassen. Eine zusätzliche Bilanzposition „Angefangene Arbeiten" war unüblich. In vielen Fällen wurde bei monatlicher Rechnungsstellung der Rechnungslauf Dezember, der in der Regel im Januar erfolgt, noch als Debitorenumsatz des Berichtsjahres erfasst. Die nicht fakturierten Dienstleistungen jedoch nicht und damit wurden stille Reserven gebildet oder sollte, sich die Summe zum Vorjahr negativ verändert haben, aufgelöst. Sollte eine solche Praxis beibehalten werden, wäre dies nicht gesetzeskonform.

Die Steuerverwaltung erlaubt die Bildung von Garantierückstellungen, oft pauschal in Prozenten des Umsatzes. Auch hier divergieren die Anknüpfungspunkte und haben in der Folge die bereits dargestellte Problematik zum Inhalt.

Es ist steuerlich erlaubt, bis zu zwei Jahresbeiträge BVG als Arbeitgeberbeitragsreserve steuerlich abzugsfähig in die Vorsorge einzuzahlen. Die im Voraus bezahlten Prämien müssen nicht transitorisch aktiviert werden und die Auflösung ist nicht periodenfremd. Das Gebot der Stetigkeit wird verletzt und das Gebot der Rechnungsabgrenzung.

Die Beispiele differenzierter Optik von Steuerbilanzrecht zu altem Rechnungslegungsrecht und insbesondere zum neuen Rechnungslegungsrecht sind mannigfaltig und hier nur in den wichtigsten Bilanzpositionen erläutert. Als letztes Beispiel sei das Steuerruling erwähnt. Eine Rechtswohltat der Steuerpraxis, welche als einer der wichtigsten Schlüssel für ein gut funktionierendes schweizerisches Steuerrecht glücklicherweise in den Steueralltag Eingang gefunden hat. Der Inhalt der Steuerrulings kann in zwei Kategorien eingeteilt werden. Die erste umfasst die Darstellung eines durchzuführenden Sachverhalts, der mit der Steuerverwaltung vorbesprochen wird, um die Steuerfolgen festzulegen. Das gibt für beide Parteien Rechtssicherheit. Diese Kategorie interessiert uns hier weniger, da hier Abläufe festgelegt werden, welche in der Regel innerhalb des Rechnungslegungsrechts Platz haben. Die zweite Kategorie betrifft Sachverhaltsvereinbarungen innerhalb der Bilanz, die Festlegung von Rückstellungen in Prozenten zum Umsatz, Methoden der Bewertung von Bilanzpositionen, längerfristige Währungsoptiken, Verhältnis von Lohnaufwand und Umsatz, etc. und besonders Absprachen bei der privilegierten Besteuerung von Gesellschaften.

Nachdem die Krux von Steuerneutralität und „fair Presentation“ ausführlich aufgezeigt worden ist, stellt sich die Frage, wie die Lösungsansätze für die erwünschte und durch die Materialien garantierte Steuerneutralität rechnungslegungskonform umgesetzt werden können. Dabei möchte ich hier zwei Lösungsansätze darstellen, der Anhang und die duale Rechnungslegung.

e) Der Anhang

Wer die bisherigen Steuerwohltaten in Anspruch nehmen will, unter Abweichung der Rechnungslegungsvorschriften des neuen Rechnungslegungsrechts, ist bei korrekter Umsetzung gezwungen, den Ausweis im Anhang aufzuzeigen. Damit wird die mögliche Gewinnaufrechnung im Steuerausweis geradezu impliziert, ist aber notwendige Folge einer korrekten Anwendung der Normen.

Im Anhang wird angefügt: „Die Rechnungslegung erfolgt nach OR und Steuerpraxis gemäss Materialien zum RRG“. Das tönt schön und einfach und pragmatisch. Damit wird zum Ausdruck gebracht, dass die bisherigen Möglichkeiten des Steuergesetzes ausgeschöpft werden.

f) Duale Rechnungslegung

Der zweite Lösungsansatz liegt in der dualen Rechnungslegung. Es wird eine Bilanz erstellt nach den Normen des Steuerrechts und eine nach den Normen des Rechnungslegungsrechts, insbesondere ohne stille Reserven. Die Lösung ist radikal, aber glaubwürdig. Sie führt zu einem erhöhten Aufwand, wobei bei geeigneter Buchhaltungssoftware die Adaption mit vertretbarem Aufwand sich realisieren lässt. Sie hat zudem den Vorteil, dass der Widerspruch von Steuerbilanz mit tiefem Gewinn und Wirtschaftsbilanz mit Ertragskraft für Bonität und Kredibilität (Bankkredite) sich steuerneutral lösen lässt.

Die Frage, die sich dann stellt, ist, welche Rechnungslegung dient als statutarischer Abschluss und wird von der Generalversammlung genehmigt. In der Regel ist es der Steuerabschluss, damit der Gewinnverwendungsvorschlag steuerkonform ist. Damit ist aber das Problem einer „fair Presentation“ nicht gelöst. Ist es der Handelsabschluss, wird das Massgeblichkeitsprinzip offensichtlich pervertiert. Die Bestimmungen über die Rechnungslegung sind nicht in allen Punkten konsistent.

IX. Weitere Bücher des Autors

„COLORWOR(L)D" Münsterverlag, Basel 2020 (ISBN 978-3-907146-69-9)

„COLORWOR(L)D" Art Un&limited Münsterverlag, Basel 2018 (ISBN 978-3-905896-92-3)

„Wärme, Schärfe und Gesundheit. Einführung in die Traditionelle Chinesische Medizin" 2., erweiterte Auflage 2012 von Dr. iur. Bernhard Madörin und Dr. med. Hanspeter Braun, Simowa Verlag, Bern (ISBN 978-3-908152-29-3), 278 Seiten

Vorgestellt im „Geschäftsführer", Herbstausgabe 2012

„Revisionsaufsicht, Aktueller Stand der Praxis – Kompendium der anwendbaren materiellrechtlichen und nichtmateriellrechtlichen Normen für Revisoren und Revisionsexperten" Band 6 der Reihe A Prima Vista, Stämpfli Verlag, Bern 2011 (ISBN 978-3-7272-8788-6), 296 Seiten

Vorgestellt in der „Steuer Revue", Ausgaben Nr. 10/2011, S. 805 und 11/2011, S. 890

„Tödliche Gene" Kriminalroman, Münsterverlag, Basel 2011 (ISBN 978-3-905896-10-7), 444 Seiten

Berichterstattung: Basellandschaftliche Zeitung 13.05.11, Radio Basel 19.05.11, Telebasel 22.05.11, Basler Zeitung 24.05.11 und 07.09.11, SPATZ 27.05.11, Vorgestellt im „Geschäftsführer", Herbstausgabe 2011

„Die neue Rechnungslegung und erste Erfahrungen mit der Revisionsaufsichtsbehörde" Band 5 der Reihe A Prima Vista, Stämpfli Verlag, Bern 2010 (ISBN 978-3-7272-8746-6), 197 Seiten

---

„Rechnungslegung und Wirtschaftsprüfung – Auditing and Accounting in Switzerland“ von Dr. iur. Bernhard Madörin und lic. oec. HSG Peter Bertschinger, Band 4 der Reihe A Prima Vista, Stämpfli Verlag, Bern 2009 (ISBN 978-3-7272-9541-6), 1117 Seiten

Vorgestellt in der „Steuer Revue“ Nr. 10/2010, S. 806, Fachliteratur

---

„KMU-Rechnungslegung (kommentierter KMU-Kontenrahmen)“ Band 3 der Reihe A Prima Vista, Stämpfli Verlag, Bern 2009 (ISBN 978-3-7272-9536-2), 198 Seiten

---

„Wärme, Schärfe und Gesundheit: Einführung in die Traditionelle Chinesische Medizin“ von Dr. iur. Bernhard Madörin und Dr. med. Hanspeter Braun, Simowa Verlag, Bern 2008 (ISBN 978-3-908152-29-3), 224 Seiten

Ausgezeichnet mit dem „Förderpreis für Alternativmedizin 2008“; Vorgestellt im Telebasel, Telebar, 08.12.2008

„Vereine und Stiftungen“ Band 2 der Reihe A Prima Vista, Stämpfli Verlag, Bern 2008 (ISBN 978-3-7272-9533-1), 238 Seiten

---

„Revision und Revisionsaufsicht unter Einschluss der Änderungen der AG und GmbH“ Band 1 der Reihe A Prima Vista, Stämpfli Verlag, Bern 2008 (ISBN 978-3-7272-9194-4), 188 Seiten

---

„KMU-Revision. Das Revisionsrecht unter der besonderen Berücksichtigung der eingeschränkten Revision (Review)“ Verlag Helbing & Lichtenhahn, Basel 2005 (ISBN 3-7190-2498-9), 615 Seiten

Rezension von Prof. Dr. oec. Max Boemle in „Der Treuhandexperte“, (Nr. 3/2006, S. 186)

„Übersicht und Fallbeispiele zur Wirtschaftsprüfung. Prüfungsfragen zu Aktiengesellschaften für den befähigten Revisor“ Verlag Helbing & Lichtenhahn, Basel 2003 (ISBN 3-7190-2171-8), 101 Seiten

---

„Basler Steuerrecht“ Materialiensammlung zum neuen Baselstädtischen Steuergesetz 2001, Ergänzungsband, Verlag Helbing & Lichtenhahn, Basel 2003 (ISBN 3-7190-2149-1), 211 Seiten

Rezension von Dr. Madeleine Simonek im „Archiv Schweizerisches Abgaberecht (ASA)“, (Nr. 11/12, 2003, S. 790–791)

„Basler Steuerrecht“ Materialiensammlung zum neuen Baselstädtischen Steuergesetz 2001, Verlag Helbing & Lichtenhahn, Basel 2001 (ISBN 3-7190-1914-4), 619 Seiten

---

„Handbuch zur Revision und Buchhaltung (HRB)“ Verlag Helbing & Lichtenhahn, Basel 1998 (ISBN 3-7190-1726-5), 191 Seiten

Rezension von Prof. Dr. oec. Max Boemle in „Der Treuhandexperte“, (Nr. 6/1999, S. 396)

Rezension von Prof. Dr. G. Behr in „Der Schweizer Treuhänder“ (Nr. 8/1999, S. 36)

„Standardrevisionsunterlagen“ Verlag Helbing & Lichtenhahn, Basel 1998 (ISBN 3-7190-1737-0), 84 Seiten

---

„Manuale di Revisione e Contabilità (MRC)“ Verlag Helbing & Lichtenhahn, Basel 2003 (ISBN 3-7190-1726-5), 191 Seiten